農学教養ライブラリー 3

生活と
アメニティの科学

東京大学農学部編

相良泰行
宮脇長人
野口忠
伊藤喜久治
有馬孝禮
岡野健
渡辺達三
――著

朝倉書店

第3巻　執筆者

東京大学大学院農学生命科学研究科

農学国際専攻	相良 泰行*
応用生命化学専攻	宮脇 長人
応用生命化学専攻	野口 忠
獣医学専攻	伊藤 喜久治
生物材料科学専攻	有馬 孝禮
生物材料科学専攻	岡野 健
生産・環境生物学専攻	渡辺 達三

〔執筆順・*本巻編集者〕

農学教養ライブラリー

刊行のことば

　21世紀の総合科学として「農学」が注目されるなか，1996年4月，東京大学農学部は新しく生まれ変わった．1994年より大学院農学生命科学研究科を部局化するとともに，21世紀の農学をになう学生の広範な能力を養成するため，農学部ではすべての学科を廃止し，5課程・20専修からなる斬新な教育制度を創設した．同時に，カリキュラムを抜本的に見直し，意欲ある学生を新しい農学の多様な分野へ導くための専門的教養科目として，「農学主題科目」と呼ぶ13の授業科目を新設した．

　21世紀の農学は，生命現象の科学的解明を基礎におき，人類と自然との融合をめざす学問であり，従来の生物生産科学に，生命科学，環境科学，人間科学などを加えて，食糧と環境の問題の克服をめざす，21世紀の人類社会の要請に応える学問である．それぞれの授業科目は，農学の各分野の教官が従来の分野の壁を乗り越えて，共通する課題を取り上げ，有機的に組み立てた新しい体系であり，いずれも21世紀の農学の世界へと導いてくれる．したがって，その内容は，東京大学農学部に学ぶ学生ばかりでなく，全国の農学部学生，農学に関心をもつ社会人にとって有益であると考え，ここに『農学教養ライブラリー』として刊行することとした．

　本シリーズは，東京大学がめざす新しい農学の内容を世に問うとともに，広く農学をめざす学生の専門的入門書として，また，新しい農学に興味をもつ社会人の高度な教養書として役立つものと信ずる．最後に，本シリーズの刊行に終始ご協力いただいた朝倉書店に感謝の意を表する．

東京大学大学院農学生命科学研究科長
東京大学農学部長
小　林　正　彦

まえがき

　農学の主要な役割は「われわれの健全で快適な日常生活を維持または向上させるための科学技術の発展」に貢献することにある．近年，地球規模での食糧・エネルギー・環境に関する問題がクローズアップされ，これらの諸問題の解決のために，われわれには持続的生産が可能な生活関連資材の選択と，節度ある快適性および自然環境との調和を目指す生活様式が求められている．すなわち，今までの人工物の大量消費を伴う効率追求型の生活から環境調和型生活への変換が求められている．現在，地球規模の環境問題に配慮しながら，われわれの日常生活の多方面にわたってこのような変換を達成するための方策が模索されている段階にある．このような現況にあって，従来から生物・環境・生命に関する諸科学の発展に尽くしてきた農学に対する期待はますます高まりつつある．

　このような現状認識を踏まえ，本書は農学とわれわれの日常生活との関わりを浮彫にすることを目的として企画された．このために，農学の広範な領域から生活とそのアメニティ向上に直接関与している分野を抽出し，「食生活編」「住生活編」「環境編」の3部構成として，主にそれぞれの分野で展開されている研究の現状・成果と未来考について解説を試みた．

　「食生活編」では，身近な食べ物に対するわれわれの嗜好の程度を最先端のセンシングと情報処理技術を駆使して数量化し，これに基づき従来主観と経験に頼ってきた食品の生産から消費に至る過程の合理化をはかることを目的とした「食品感性工学」のアイデアを全く新しい研究分野として提唱した．また，主に食品工学分野で開発された膜分離技術が省資源・省エネルギーそして環境に対する小負荷のソフトテクノロジーとして認識され，多方面にわたりグローバルな展開を見せている状況を概観し，将来の技術開発のあり方に一つの指針を与えた．一方，成人病の代表的疾患といわれている糖尿病の発現をインスリンの作用機構から解明するなど，「量の保障から機能の保障」を目指す「分子栄養学」の将来を展望し，さらに，狂牛病や腸管出血性大腸菌O 157にも対処し，「食の安全」を腸内フロー

ラと関連づけて探求してきた「食品衛生学」の成果を概観した．

「住生活編」では，木材資源が再生可能で環境保全に対してきわめてエコロジカルな資源であることを，エネルギー消費，炭酸ガス放出量，炭素資源の循環などの様相から証明し，その有効な利用形態として，カスケード利用の重要性を指摘した．また，家屋内気候の調湿に寄与する内装材の適正な選択や震災に対して安全な木質住宅の構造とその維持管理法に指針を与え，さらに地球環境保全における生物資源の役割を「生態系に調和あるいは共存しうる材料」，すなわちエコマテリアルの要件として総括した．

「環境編」では，アメニティの理念とその歴史的，社会的，文化的変遷について概説すると共に，国民が保有している都市と農村の生活空間における「緑」への指向を明らかにした．また，アメニティの形成に関わる緑の機能を整理し，その設計・保全・整備の方策として緑のネットワークシステムの概念を導入した．さらに，室内・都市・農村・森林・自然などの各空間における緑の機能を明らかにし，その整備方針を「緑のマスタープラン」として立案する方法論を展開した．

本書は東京大学農学部の「農学主題科目」の教科書として，農学を学ぼうとする初学者の知的好奇心を喚起し，また，教養ライブラリーとして基礎知識を提供することを目的として企画されたものであるが，このライブラリーの中でも，本書の特筆すべき役割は，農学がわれわれの生活に密接に関連した身近な問題に対処する学問であるという知的認識の拡散にある．この意味で，本書が広く一般の読者にも啓蒙の書として受け入れられることを期待している．本書の執筆者はそれぞれの分野で先端的に活躍されている方々であり，超多忙な日常生活の中から原稿執筆のために貴重な時間を割いていただいた．ここに記して深く感謝申し上げたい．また，ややもすると遅れがちな編集作業を忍耐強くサポートしていただいた朝倉書店に心から御礼申し上げる．

1997年8月

相　良　泰　行

目　　次

Ⅰ. 食生活編

1. 食品感性工学の提唱 ……………………………………〔相良泰行〕… 1
　1.1　アメニティの数量化に向けて ……………………………………… 1
　1.2　食のアメニティと感性工学 ………………………………………… 2
　1.3　食嗜好に関連する属性 ……………………………………………… 3
　　　a．外　　　観 …………………………………………………………… 4
　　　b．食　　　味 …………………………………………………………… 5
　　　c．風　　　味 …………………………………………………………… 5
　　　d．テクスチャー ………………………………………………………… 6
　　　e．温度と音 ……………………………………………………………… 7
　1.4　食行動と嗜好の形成 ………………………………………………… 8
　　　a．嗜好形成ループ ……………………………………………………… 8
　　　b．嗜好の特質 …………………………………………………………… 8
　　　c．嗜好の数量化 ………………………………………………………… 10
　1.5　計測・評価技術の役割 ……………………………………………… 10
　1.6　食品感性工学の構築 ………………………………………………… 10
　　　a．構築の前提条件 ……………………………………………………… 10
　　　b．デバイスと解析システム …………………………………………… 12
　　　c．情報処理システム …………………………………………………… 12
　　　d．評価判断システム …………………………………………………… 12
　1.7　先端技術の動向 ……………………………………………………… 13
　　　a．センシングデバイス ………………………………………………… 13
　　　b．感性モデリング・システム ………………………………………… 15
　　　c．評価・判断システム ………………………………………………… 16
　1.8　食品感性工学の課題と展望 ………………………………………… 16

2. 食嗜好の計測・評価技術 〔相良泰行〕… 18
2.1 米の食味計 … 18
2.2 青果物の選別システム … 19
 a．共選施設の現状 … 19
 b．階級選別と等級選別 … 20
 c．選別システムの導入と開発の経緯 … 20
 d．電子秤重量選別機 … 22
 e．光線式選別機 … 23
 f．画像処理選別機 … 24
 g．カラーグレーダ … 25
 h．光糖度・酸度・熟度センサ … 29
2.3 センサの性能評価 … 31
 a．クレームの発生 … 31
 b．センサの性能評価法 … 32
 c．食品感性工学的評価 … 34
 d．今後の課題 … 34

3. グローバルなアメニティのための食品加工——膜技術の展開 〔宮脇長人〕… 36
3.1 膜技術とは … 36
3.2 水をつくる … 38
3.3 熱を用いずに濃縮する … 40
3.4 熱を用いない無菌化：除菌 … 42
3.5 廃水からの有用資源の回収 … 42

4. 快適な食生活——栄養学からのサポート 〔野口　忠〕… 44
4.1 急速に進展する分子栄養学の世界 … 45
 a．インスリンの作用機構の解明とその栄養学的意義 … 46
 b．肥満遺伝子の発見とその意義 … 47
 c．タンパク質栄養におけるインスリン様成長因子-I (IGF-I) の意義　49

4.2 量を保障する栄養学から機能を保障する栄養学へ
──21世紀への課題 ………………………………………………… 50

5. 健康のための安全な食──腸内フローラを考える ………〔伊藤喜久治〕… 52
　5.1 飽食に起因する健康障害………………………………………………… 53
　　a．食品そのものによって起こる病害 …………………………………… 53
　　b．身体の生理反応により起こる病害 …………………………………… 53
　　c．食品が媒介して起こる病害 …………………………………………… 54
　5.2 食の流れ………………………………………………………………… 54
　5.3 腸内フローラと生体…………………………………………………… 55
　　a．腸内フローラ構成 ……………………………………………………… 55
　　b．腸内フローラの変動要因 ……………………………………………… 56
　　c．腸内フローラの宿主への影響 ………………………………………… 58
　5.4 家畜，家禽の腸内フローラと安全な食………………………………… 59
　5.5 ヒトの腸内フローラと安全な食………………………………………… 60
　　a．発癌と腸内フローラ …………………………………………………… 60
　　b．老化と腸内フローラ …………………………………………………… 61
　　c．病原菌の定着と腸内フローラ ………………………………………… 62
　5.6 今後の問題……………………………………………………………… 62

II. 住生活編

6. 地球環境保全と木造住宅 ………………………………………〔有馬孝禮〕… 63
　6.1 エネルギー消費と木材資源…………………………………………… 63
　6.2 住宅生産におけるエネルギー負荷と炭素ストック…………………… 67
　6.3 炭素資源の循環を支配する耐用年数とカスケード利用……………… 69

7. 住まいと湿気 …………………………………………………〔岡野　健〕… 71
　7.1 調湿の必要性…………………………………………………………… 71
　7.2 住宅内で発生する湿気………………………………………………… 71
　7.3 内装壁の構成と湿気…………………………………………………… 73
　7.4 室内にあらわした木材による調湿…………………………………… 76

a．試作住宅 ………………………………………………… 76
　　　b．室内気候（湿度）………………………………………… 76
　　　c．室内気候に寄与する木材の有効厚さ ………………… 77

8．住宅の安全と環境 ……………………………………〔有馬孝禮〕… 79
　8.1　木造住宅の構造安全性…………………………………… 79
　　　a．木質系住宅の種類と構造 ……………………………… 79
　　　b．耐力壁の壁量計算と壁倍率 …………………………… 82
　　　c．最近20年の震災からの教訓…………………………… 85
　　　d．阪神・淡路大震災で被害を受けた木造住宅の傾向 … 87
　　　e．木造住宅の構造安全性の基本要件 …………………… 90
　　　f．既存住宅の耐震診断 …………………………………… 91
　8.2　住環境と維持管理………………………………………… 94
　　　a．住環境における材料 …………………………………… 94
　　　b．機能性重視の危険性 …………………………………… 96
　　　c．住宅の耐用性確保と維持管理 ………………………… 98
　8.3　住宅と地域環境…………………………………………… 100
　　　a．もう一つの木質資源である木造住宅………………… 100
　　　b．木質資源のリサイクルの視点………………………… 101
　　　c．解体資材のゴミ問題とカスケード型利用…………… 104
　　　d．木質資源リサイクルの課題…………………………… 104
　　　e．地域環境保全のための住宅の解体，再利用の視点… 106
　　　f．地球環境保全における生物資源の役割……………… 107

Ⅲ．環　境　編

9．人間と自然・緑のアメニティ ………………………〔渡辺達三〕… 109
　9.1　ポスト・モダニズム下のアメニティ ………………… 109
　　　a．アメニティの観念……………………………………… 109
　　　b．ポスト・モダニズムの時代状況とアメニティ……… 110
　9.2　人間と自然・緑 ………………………………………… 111
　　　a．人間と自然とのコミュニケーション………………… 111

  b．自然の回復・発展と緑……………………………………… 113
 9.3 国民の緑意識の動向──総理府の世論調査から …………… 113
  a．快適な生活環境における重要な要素……………………… 113
  b．緑のイメージ………………………………………………… 115
  c．見受けられる緑の守り増やしたい緑……………………… 116
  d．自然指向と緑の整備のあり方……………………………… 117

10．アメニティを高める緑のデザイン ……………………〔渡辺達三〕… 119
 10.1 緑の意義と性格…………………………………………… 119
 10.2 アメニティ形成にかかわる緑の機能…………………… 122
  a．理化学的環境の保全・調整………………………………… 122
  b．生態学的環境の保全・形成………………………………… 122
  c．空間的環境の形成とその調整・制御……………………… 124
  d．観賞および知覚的・心理的効果…………………………… 124
 10.3 緑の構成──その保全と整備…………………………… 125

11．アメニティ空間形成のための緑の整備 …………………〔渡辺達三〕… 127
 11.1 室内空間における緑とその整備………………………… 127
 11.2 都市空間における緑とその整備………………………… 128
 11.3 農村空間における緑とその整備………………………… 130
 11.4 森林・自然空間における緑とその整備………………… 133

文 献………………………………………………………………… 137
索 引………………………………………………………………… 141

I. 食生活編

1. 食品感性工学の提唱

1.1 アメニティの数量化に向けて

　元来,「アメニティ (amenity)」は建物・場所・景観・気候など,主に生活環境の快適さを表す言葉として用いられてきたが,現在では生活環境だけではなくわれわれに「快適さ」をもたらす多様な事象を表現する言葉として広く使われるようになってきた．われわれの日常生活のアメニティは基本的に「衣食住」の快適さに依存しているが,現在ではインターネットや携帯電話に代表されるように生活関連情報の受信・記録・発信が便利となり,このような世界規模での通信手段の技術革新によるコミュニケーション手法の発展が飛躍的にアメニティの向上をもたらしている．このために情報・通信の分野は 21 世紀に向けきわめて有望なサービス産業,すなわち「アメニティ向上産業」として認識されている．

　一方では人が生活のアメニティを追求し続けた結果,地球規模で解決しなければならない課題として食料不足,環境破壊,エネルギー資源の枯渇問題などがクローズアップされてきた．今,まさにわれわれはこれらの諸問題に対処し,地球規模で人と自然との節度ある調和を保ちながら,持続的生産を維持する方策を考究しなければならない局面に立たされているといえる．これらの諸問題に具体的に対処するためには,まず「われわれの生活のアメニティのレベルをどの程度に維持するか」が議論の対象となり,これらの議論をさらに実りあるものにするのには,これまで漠然としてわれわれが感じてきたアメニティに数量的な尺度を与えることがきわめて有効な手段と考えられる．

　このような快適さの尺度を決める試みはすでに一部の技術的分野で進められており,たとえば,空気調和 (air conditioning) の分野では冷暖房機器の運転操作法を評価するための「快適指数」が定義されている．このような事例がさらに広

範な分野で達成されれば，たとえば個人的なレベルでは，「情報に関連する私のアメニティ指数は80点である」とか，国レベルでは「日本の住宅のアメニティ指数は平均値で40％と推定され，木質住宅に限れば63％と評価されるが，米国での平均値75％よりはかなり低い」といったような比較が可能となったり，さらに政策や外交レベルでも，「これらの指数を米国なみに改善するためにはさらに木質住宅を増やす必要があり，平均アメニティ指数47％のインドネシア国がカリマンタン島の熱帯降雨林を共同で育てることを条件に，日本への木材の輸出を現状より10％増やすことに同意した」といったような記述が可能となろう．このようにいろいろなレベルでの各種アメニティの数量化はわれわれの生活のレベルに客観的な尺度を与え，この尺度に基づく資源・生活資材の需要・供給の調整や環境改善の定量的議論に道を開くことになるものと予測される．

1.2 食のアメニティと感性工学

　食生活のアメニティを表す一つの尺度は食物に対する人の「嗜好」の程度であり，これと逆方向の尺度は「嫌悪」で表現されよう．食品に対する人の味覚や嗜好を何らかの理工学的手法で計測し，再現性や客観性の高い数量化された情報を得るシステムが確立されることになれば，食品産業分野での食生活のレベルに合致した新食品の開発やプロダクトマネージメント，さらにはマーケティングの戦略に革新的な改善がもたらされるものと期待される．このようなシステムを構築するためには，食品が保有している物質的属性と食生活に関する人の心理学的要因を抽出して，これら相互の関連性を明らかにし，最終的には「人の食に対する感性」を数量化しなければならないと考えられる．従来，このための技術を開発することはきわめて困難とみなされ，一般的には食品に対する人の反応を各種の「官能検査」手法を適用して把握する努力がなされてきた．しかし，官能検査にも再現性や信頼性に疑問が残る場合が多く，検査結果の利用に当たっては，再度人の主観的判断を要するなど，この方法にもさらなる研究が必要とされている現状にある．

　一方，近年に至り生体や食品を対象とした電磁波による非破壊成分分析や品質の定量的評価技術が実用化されてきた．「食品の味」に関するセンシングや「人の食嗜好」の評価・判断に特に要望される理想的条件は，「非破壊・遠隔・高速度の3条件」であり，しかも同時にこれらを満足する計測や情報処理の手法であろう．

今のところ，このような条件を満足する情報伝達媒体としては電磁波が最も適しており，いわゆる光センシング技術として多方面でその研究・開発が進められ実用化が進展してきている．たとえば，食品や農産物を対象とした光センシングの分野では，近赤外分光法を測定原理とする「米の食味計」やCCDカラーカメラと画像処理技術を組み合わせた「青果物の選別システム」等が実用化され，世界的な工業技術レベルからみても，農業分野で開発された画期的な技術として高く評価されている．

　バイオエレクトロニクス分野においては，生体が保有しているセンシング・通信・判断システム等のメカニズムの解明が精力的に進められている．これの主な推進力は，これらのメカニズムの解明が医療分野の緊急課題である癌，エイズおよびパーキンソンなどの難病防止と治療に新しい道を開くものと考えられているためであるが，工学分野でもこれらのメカニズムを模倣する形で，バイオセンサ，特に各種の脂質膜を利用した味覚や匂いのセンサが実用化されつつある．さらに知識工学の分野では人の情報処理法を模したファジィ理論や学習機能をもつニューラルネットワーク・モデルが考案され，その利用は生活のアメニティ化をもたらす電化製品にまで浸透している．

　このような現状を踏まえると，個々の工学的な計測技術と官能検査やマーケティング分野で発達してきた数量化手法を統合してシステム化することにより，従来不可能と考えられてきた食品に対する消費者の味覚や嗜好を定量的に評価し，この結果に基づく商品開発や販売戦略の検討にも役立つ技術的・学問的領域の構築が可能と考えられる．筆者はこの領域をカバーする新しい学術研究の分野を「食品感性工学」として提唱している（相良，1994）．

　ここでは，まず筆者が提唱している「食品感性工学」の全体像を示し，次に，農産物や食品を対象とした光センシングの具体的成功例として「米の食味計」，「青果物選別システム」および「果実の糖度・酸度・熟度センサー」の技術レベルを紹介し，その成功に寄与した要因について考察する．これらの結果は将来の食品感性工学の発展の課題と研究・開発の方向を示唆するものと考える．

1.3　食嗜好に関連する属性

　図1.1に人の食嗜好に影響を及ぼすと考えられる諸要因の多層構造と食行動との関連性を示す．食品はその属性により人に認知され，また人の感性を刺激する

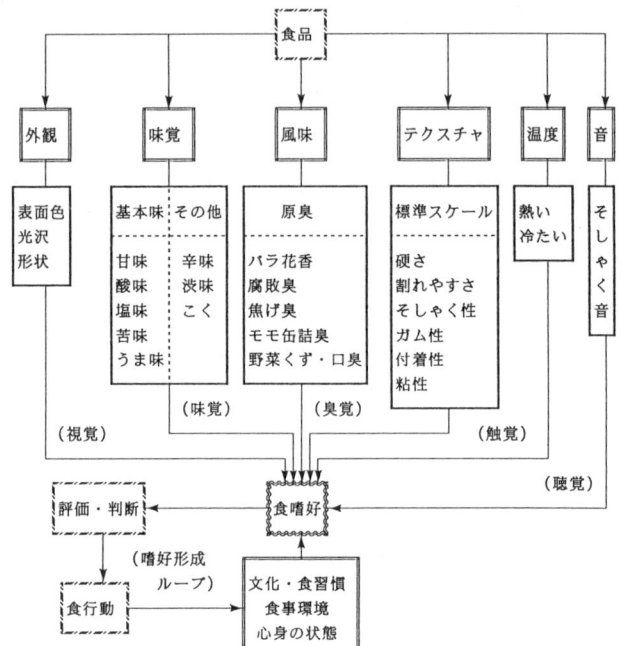

図1.1 食嗜好の多層構造と食行動

とともに育成する．人が感知する食品の属性には「外観」「味」「風味」「テクスチャ」「温度」「音」等が挙げられ，これらの属性が異なることにより食品は人により分類され，特徴づけられている．

a．外　観

　食品の外観は視覚により検知され，その情報から食味や風味が予測される．たとえばリンゴを例にとると，われわれはまず，対象物がリンゴであること，すなわち食品の種類を認識し，検知した形状，表面色，光沢などの情報を総合的かつ瞬時に判断して品種を特定し，食行動に移る前に熟度・食味・風味までを予測することが可能である．さらに，対象物がその個人にとって「酸っぱそう」と予測されたり，これは「ゲテモノである」と認識されれば，唾液の分泌や鳥肌などの生理反応を引き起こす場合もある．このように視覚は対象物を遠隔・非破壊・高速度で検知・評価して，人を食行動に移らせる最初の誘因感覚として，また，人に食情報を入力・学習させるスターターとしての重要な役目を果たしていること

になる．

b．食　味

食味は図中に示した5つの基本味とその他の多様な味から構成されるものと考えられている．基本味の中で「甘味」「酸味」「塩味」「苦味」の4つは20世紀初頭 H. Henning によって最初に提唱された．彼は多様な食味を記述するのに用いることができる最小数の味がここに示した4つの基本味であり，すべての味はこれら4つの基本味を頂点とする正4面体，すなわち「味の正四面体」空間の特定の位置として示されると考えた．しかし，実在する多様な味のすべてが4つの基本味を混ぜ合わせただけで成り立っていると考えることには無理があり，この説の妥当性は失われている．しかし，基本味を頂点とする多次元空間座標で味を特定・表現するアイデアは味の数量化手法の常套手段として現在でも正当性を失っていない．現在では少なくとも4つ以上の基本味とその他の副次的な味から構成される座標が必要と考えられている．近年，第5番目の基本味として「うま味」が世界的にも「UMAMI」という日本語で認知されている．この味は日本から発信されて世界的に認められたいわゆる「だし味」であり，化学物質ではグルタミン酸ソーダの味に相当する．

その他の分類の中でも「辛み」「渋味」は人が共通に認識できる味として，その化学的呈味成分も比較的特定できる場合が多いが，ビールのコマーシャルに用いられる「こく」「きれ」「のどごし」といったような言葉で表現される味は万人が共通に感じている味なのかどうかは不明であり，したがってその呈味成分を特定することもきわめて困難である．

c．風　味

食品の「風味」は「香り」「匂い」「芳香またはアロマ」「臭さ」などとも表現され，これらの言葉の中にはすでに嗜好と嫌悪の感情が含まれている．たとえば人に好ましい表現としては「香り」「アロマ」が挙げられ，同じ「におい」でも，「匂い」よりは「臭い」の方が嫌悪度合いの大きい表現となる．その理由として，「臭い」は「くさい」とも読まれることを思い浮かべれば十分であろう．また，「風味」は食品を口の中で味わっている時に感じられる匂いを含む表現として，一方「アロマ」は空中を漂ってくる香りを指すものとして区別する場合もあるが，これら

の定義は必ずしも明確でなく，また，匂いを研究対象としている学術団体や研究者にあまねく共通して認められているわけではない．このように考えてくると食品の属性を表す用語として「風味」と「匂い」は比較的人の感情を反映しない，いわば中立的な術語と思われる．そこで，本稿では主にこの両用語を使用する．

このように「風味」は食品の属性として大切な要因であるがその表現法はきわめて曖昧であるといえる．したがって，味の構成要素としての「基本味」に相当する「基本風味」，すなわち「原臭」を特定することはさらに困難であり，一般に認められた定説は存在しない．図中に示した原臭はフランスの香料研究者が指摘したものであるが，この他に，現在まで最も注目されてきた原臭はJ.E. Amooreら(1994)が提唱した7つの原臭，すなわち，① エーテル臭，② カンファー臭，③ ジャコウ臭，④ 花の匂い，⑤ ハッカ臭，⑥ 辛臭，⑦ 腐臭である．これらの匂いは先天的に特定の匂いだけが感知できない「嗅覚欠如」患者の欠如臭に相当していることがしばしば指摘されてきたことから，逆に人が検知している確からしい原臭と考えられてきた．

さて，図中に示した原臭の中で一般に好ましいと考えられている匂いは「バラ花香」と「桃缶詰臭」であり，逆に，「野菜くず臭」や「口臭」は嫌悪の対象となっている．「焦げ臭」と「腐敗臭」はその発生源の種類と焦げや腐敗の程度によって好き嫌いが分かれる．たとえば，パンの焼成では食欲をそそるクラスト（通称ミミと称される外皮部分）の焦げ臭と表面色の創造が品質設計の重要な要因となっている．一般には「腐敗臭」の一種と考えられている「発酵臭」は好まれる場合が多く，醸造関係者にとってはこれのコントロールが重要である．ただし，関東人が愛してやまないといわれている「くさや」の発酵臭が全国の人々に好まれるとはとうてい考えられないので，「腐敗臭」もしくは「発酵臭」は個人的な好みに依存する度合いが大きいと考えられる．

d．テクスチャー

テクスチャー（texture）は食品の口腔内における"嚙み心地"を表現するテクニカルタームである．複数の原料を必要とする食品の製造プロセスでは素材の加工プロセスにおける流動状態や最終製品の品質を評価するための指標として力学的特性はきわめて重要であり，これの定量的把握なくしては製造機械・設備の合理的設計が困難である．また，消費者のテクスチャー嗜好を知ることは新食品の

開発や販売戦略にとっても重要である．たとえば，麺類の「こし」の発現機構の解明や「グミ菓子」「裂きチーズ」「蟹足カマボコ」の開発では材料の粘弾性特性と消費者好みのテクスチャーを知ることが成功の鍵となった．食品の力学的性質は工業材料を対象とした力学的試験結果の解釈に用いられる用語，特に材料の粘弾性特性を研究する「レオロジー」の分野で定義された用語を用いて説明されてきたが，これらの用語を多用しても口腔内で感じる「テクスチャー」を客観的に表現することは困難な現状にある．

そこで，図中には米国ゼネラルフーヅ社で開発された「テクスチュロメーター」の標準スケールとして提案された指標を示した．しかし，たとえば新鮮なリンゴをそしゃくする初期の段階で感じられる「シャリシャリ」とした感覚はここに示した標準スケールの指標とは一対一に対応しないようであり，「硬さ」と「割れやすさ」を組み合わせた表現にならざるを得ないと考えられる．また，これらの指標（用語）に含まれる嗜好の程度を推察することも困難であり，わずかに「付着性」がどちらかといえば嫌悪の対象となり，また，若年層は比較的「硬い」食品を嫌い，「そしゃく性」の高い食品を好む傾向にあることが知られている．

e．温度と音

食品には食べ頃の最適温度が存在する．たとえばビールの最適温度は夏期において7℃といわれ，このことは最適温度も環境温度により変化することを意味している．これは飲料消費量の季節変動に端的に示され，また，パーティーなどで冷暖房設備の稼働を停止させると食物の消費量は減少する事実にも現れている．また，親子の家庭間，特に嫁と姑間の付き合いは「スープの冷めぬ程度の距離」を保つことがよいといわれ，この教訓はスープには適度な熱さが必要とされ，また，そのようなスープが好まれることを暗黙的に表現している．しかし，この「適度」な熱さにも個人差があり，比較的高温度の食品を嫌う，いわゆる猫舌の人の存在もある．すなわち，食品の温度は環境温度や個人差に左右されるものの，季節の変化に伴う消費者の嗜好変動に影響を及ぼす食品の属性として，特にマーケティング戦略の面で重要な位置を占める．

嗜好に影響を及ぼす音の例としては「調理音」や「そしゃく音」が挙げられ，前者は中華料理の調理音に典型的に示され，後者にはナッツ類を嚙み砕いているときの「カリカリ」音や一度に大量の飲料を飲み込むときの「ゴックン」と表現

される生理音も含まれる．そしゃく音の種類はテクスチャーと深く関連して多様であるが，通常われわれは口腔内で発生するこれらの多種類の音を聴いている．しかし，そしゃく音はむしろテクスチャーの属性的要因として無意識に感知している度合いが大きい．したがって，好ましいテクスチャーを感じさせる食品に対して，人がそのそしゃく音の嫌悪から食行動を拒否する傾向はほとんどないものと考えられる．すなわち，食品の属性の中で「音」が嗜好に影響を及ぼす度合いは他の属性に比べて小さいと判断される．

1.4　食行動と嗜好の形成

a．嗜好形成ループ

特定の食品に対する人の嗜好形成は，まず前節で示したような食品が保有している物理化学的属性を「視覚」「味覚」「臭覚」「触覚」「聴覚」を司る感覚器官，すなわち，「五感」により感知することに始まる．次に個人が遺伝的に持っている官能的気質や生まれ育ってきた文化・習慣により学習され，記憶されてきた判断基準，すなわち「第六感」にそのときの心身の状態・食事環境条件などを加味して，「見ただけで嫌い」「おいしそう」「まずそう」「少しなら食べられそう」などと予断して食行動を起こす．また，そしゃくの過程では食嗜好に関係する属性の多様な変化をセンシングするとともに，好き嫌いの程度を判断しながらこれらの情報を脳に入力する．最終的にはこれら入力された情報が総合的に評価され，さらに記憶として蓄積され，場合によっては「第六感」に革新的修正がもたらされる．各種の食品に対してこのようなパターンが繰り返され，その学習効果によって嗜好が形成されるものと考えられる．筆者はこのパターンを「嗜好形成ループ」と名づけて図1.1に示している．

b．嗜好の特質

嗜好形成ループは「嗜好品」を対象とした人の喫茶・喫煙・飲酒に関する挙動として典型的に示され，形成された嗜好の特色は新嗜好の形成を求める多様性と旧嗜好の習慣化をもたらす保守性にある．喫煙を例にとると，タバコ製造会社では新製品の開発により消費者の嗜好の変化と多様性に対処する一方で，戦前に発売を始めた銘柄の生産を現在も継続して保守性に対処している．

未経験の食品素材に対する拒絶反応は嗜好の保守性を明瞭に示している．筆者

の経験によれば，近年，インドネシアではカップラーメンが爆発的に消費されるようになってきたが，これは人々がラーメンに類似したビーフンや中華麺を食べてきた経験があったためである．しかし，日本式の「ザルソバ」にはほぼ完璧な拒絶反応が示される．これはまず「ぱさぱさ」したテクスチャーを有するソバ麺への嫌悪感，次に，口腔全体を刺激するトウガラシとは異なり鼻腔を口腔内部から刺激するワサビや生ネギなどの素材に対する拒否反応，さらには「つけ麺」形式の食べ方，すなわちインドネシアでは下品と考えられている摂食様式に対する拒否反応が重なったためと考えられる．このことはインドネシア人の食嗜好形成要因の中でも，とりわけ食素材と食文化の判断基準に「ザルソバ」が合格しないことを如実に物語っている．しかし，このような保守的傾向も教育程度の高い人々にとっては薄いものとなり，これらの人々は数回の嗜好形成ループの学習により「ザルソバ」をはじめとし，「すき焼き」「スシ」「シャブシャブ」などの異文化からもたらされた食物を好んで食べるようになる．教育程度の高い知識人の住民割合が高いと考えられているジャカルタでは，これらの日本食レストランが繁盛し，家族でこれらの料理を楽しめることが一種の経済的・社会的ステータスシンボルと考えられている節がある．このことは教育の程度や異文化間の交流のあり方も食嗜好の形成要因であることを示している．ロシアや中国でも現地の人々にとっては比較的高価なマクドナルドのハンバーガーが大量に消費されている．その理由としては，ハンバーガーが世界に通用する「簡便で」「おいしい」属性を保持していることに起因するだけでなく，異文化へのあこがれが食行動に駆り立てる誘因となっているものと推察される．

　人の嗜好の強度は食品素材や加工・調理の程度によっても異なり，主食である御飯や食パンに対しては弱く，多様なスパイスを駆使した調理食品に対しては強く，さらに嗜好品には最大限に発揮される．このことは主食となりうる食品はその嗜好強度が最も低いものに限定され，かつ同一の食文化圏に生存する大多数の人々に日常的に消費されうる属性を有している必要がある．逆に嗜好品に対する食行動は個人的な嗜好程度に左右され，食行動の習慣化により特定の人々に限定的に消費される．嗜好品摂取に関する個人の習慣化は，これをたしなむ人とそうでない人との間に軋轢をもたらす場合があり，今や世界的な社会現象として盛り上がりを見せている「嫌煙権」運動がその典型的な例である．

c．嗜好の数量化

これまで述べてきたように，人の食嗜好と食行動はその個人が生まれ育った自然・経済・文化・民族・教育程度などの条件により影響を受けることが知られているが，ある地域や民族または嗜好強度のレベルなどを特定する条件を設定すれば，マーケティング分野で用いられているさまざまな統計的数量化手法を適用することにより，設定した条件を満足する大多数の人々に共通する嗜好基盤の抽出が可能である．この基盤の上に立って先端技術を駆使した嗜好の計測・評価システムを駆使することにより，個人の嗜好にも一定の物理的スケールを与えることが可能と考えられる．

1.5 計測・評価技術の役割

人の味覚や嗜好は一見きわめて主観的であるが，計測・評価技術の役割はこれらに客観的で，可能な限り物理的なスケールを与えることである．たとえば，時間を例にとると，主観的な時間として生物時計が関与する時間がある．すなわち，航空機利用による時差ボケや空腹感（腹時計）であったり，長く感じる退屈な講演や待ち合わせ時間，短く感じる恋人同士のデートの時間であったりする．しかし，一方でわれわれは国際的に標準化された，時計という器具で正確に計れる客観的な時間，すなわち物理的な時間スケールを保有している．この簡単なたとえのように，主観的な人の食嗜好に客観的で物理的なスケールを与えるためのデバイスとこれによって得られる信号の伝達・処理・評価・記憶装置とこれらを操作するための数理モデルなどを開発し，これらの情報をわれわれの食生活や食品産業の多方面にわたる目的に効果的に利用できるシステムの構築こそが，ここに提唱する「食品感性工学」の技術的目的である．

1.6 食品感性工学の構築

a．構築の前提条件

現在考えられる食嗜好の計測・評価システムとこれを含む食品感性工学の全体像を構築して図1.2に提唱した．この図に示した領域は基本的に図1.1に示した人の食嗜好と摂食行動に関係する諸要因を計測・評価技術と各種の数理モデルで置換したものである．したがって，嗜好の物理化学的計測に必要な人を対象とした生体情報計測の領域は含まれていないことを認識しておく必要がある．この領

1. 食品感性工学の提唱　11

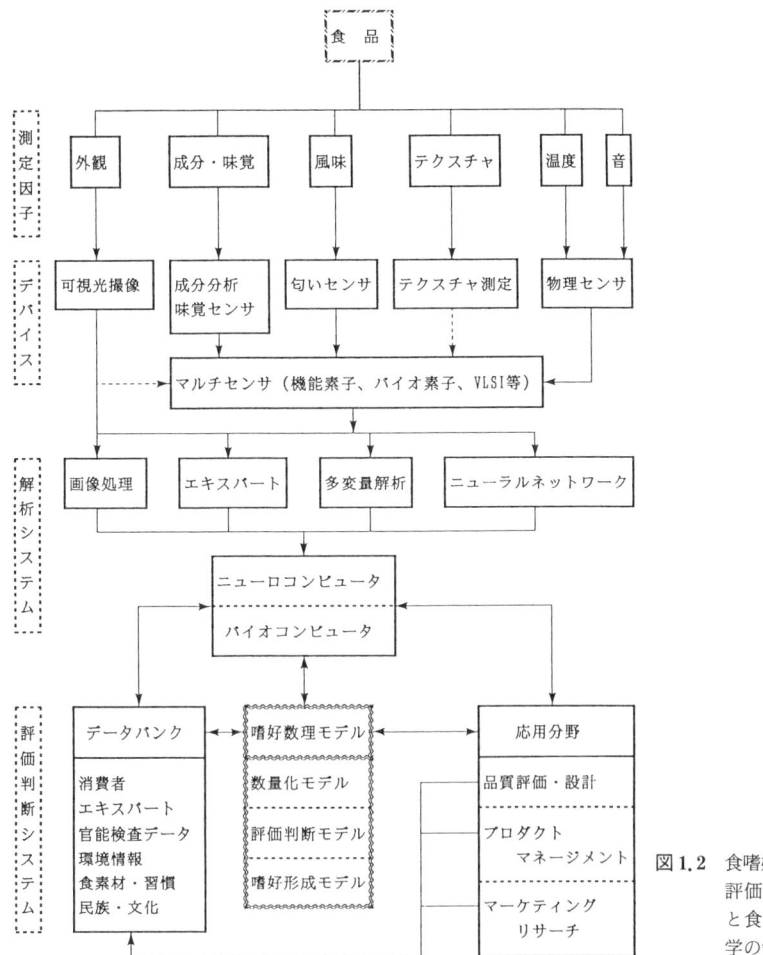

図1.2　食嗜好の計測・評価システムと食品感性工学の領域

域には「バイオエレクトロニクス」と称される広大な研究領域で開発される先端技術、特に電子応用技術の成果を導入することを念頭に置くにとどめ、簡略化のためにこの図には特に示していない。しかし、その中で将来食品感性工学の領域でも重要と考えられる技術については選択した上で、個々に示してある。たとえば、図中の「マルチセンサ」や「ニューロおよびバイオコンピュータ」などがこれに相当し、これらの嗜好に関連する機能については簡単に概説する。

b．デバイスと解析システム

　図1.2に示した測定因子とデバイスのセクションは食品の属性をセンシングする部分である．解析システムの中で画像処理からニューラルネットワークに至る個々の解析手法は計測によって得られた信号に基づき「おいしさ」を評価する部分であり，現在でも食品の外観・成分・味覚などの評価に用いられている手法である．食嗜好の観点に立てば，センサからこれらの解析手法に至る領域は，ある食品を人が摂取する場合に，食品の属性が人の生理的変化に及ぼす影響を物理化学的な「強度」として客観的に把握する領域に相当する．現在のところ，食品の属性は各種のセンサとこれに直結した解析手法を用いて個々に測定・評価されている．たとえば後にも示すように，米の食味は近赤外スペクトルアナライザと多変量解析もしくはニューラルネットワークを組み合わせて評価され，「食味計」単体として市販されている．しかし，将来は個々のセンサの機能を高度に集積し，ハード的に一体化した「マルチセンサ」が開発され，非破壊的な遠隔測定が可能となるものと期待されている．

c．情報処理システム

　ニューロおよびバイオコンピュータは食品と人の計測から得られる物理化学的な「美味しさの強度」と人の嗜好と食行動，さらにマーケティングリサーチなどの応用分野を結合し，これらの情報を効率的・総合的に処理する，いわゆる情報処理を担当するセクションである．このセクションの情報処理機器としては現存する超大型コンピュータを当面利用できるが，嗜好は元来人の脳が関与する情報処理の典型的な例であり，これには生物が行っている情報処理を模倣した新しいコンピュータの導入が望ましく，現在，電子および情報工学の分野での開発競争が熾烈となっているこれら2つのコンピュータの実現が待たれる．

d．評価判断システム

　最後に残された「評価判断システム」は感情を数量化して目的に応じた数理モデルを構築する，主にソフトウェアを担当する部分である．嗜好の数理モデルをグループ分けすると，
　① 食品と人の嗜好に関連する計測データを数量化するためのモデル
　② 数量化されたデータに基づき食品の品質とこれに対する人の嗜好のマッチ

ング度合いを評価し，さらに食行動や新製品に対する消費傾向などを予測・判断するためのモデル

③ 個人またはある特定の地域に居住する消費者の大多数に共通する嗜好の特性を抽出し，その特性がいかにして形成されてきたかを探り，さらに将来どのように変化してゆくかを予測するための嗜好形成モデル

などになるものと考えられる．

これらのモデル群の構築には前に述べたようにバイオコンピュータなどによるダイナミックな情報処理手法と嗜好に関する信頼性の高い膨大なデータバンクが必要となろう．データバンクの中には，消費者の嗜好動向，食品企業でテイスターと呼ばれているエキスパートの官能検査手法に関する情報，特定の食品に関する成分・栄養・官能検査蓄積情報，地域の自然環境情報，食素材・食習慣に関する情報，民族・文化に関する情報などが含まれ，これらの情報はコンピュータによる嗜好数理モデルの構築に利用される．たとえば，テイスターの官能検査手法は各種センサまたはマルチセンサで計測された食品の嗜好特性に関する情報とともに，解析システムの中のエキスパートシステムやニューラルネットワーク，さらに嗜好数理モデルの構築に利用される．すなわち，食品製造プラントの操作や品質検査で神様と称されているエキスパートの主観的検査・評価手法が，誰でも操作・利用できる客観的なシステムに置き換えられ，さらにその評価結果はファジィ理論などを導入することによりプラントの制御等に利用されることになろう．

嗜好数理モデルの応用分野には，① 人の嗜好を加味した食品の品質評価とこれに基づく品質設計，② 品質設計に基づく商品プロダクトマネージメント，③ 嗜好の評価と予測に基づくマーケティングリサーチなどが挙げられる．

1.7 先端技術の動向

a．センシングデバイス

食品に対する嗜好を決定するさまざまな要因の中で，食品の属性と人の感性に関する要因を測定する方法およびデバイスの適用例を，将来予測も含めて表1.1に示した．この表にまとめた計測法は主に非破壊遠隔測定が可能な方法であり，これらに人の感情変化を計測するのに有用と予測される方法を加えている．ここに掲げた手法はその大部分が現在でも周知の代表的技術で，食品の外観はRGB

表1.1 理工学的計測・分析手法の食品分野への適用例

計測対象・方法・デバイス		適用例・（適用予測例）
電磁波吸収特性	表面色測定	RGB撮像管―画像処理システムによる品質判定・分級
	分光分析	成分分析
	赤外線成分分析	米の食味計，青果物の糖度・熟度センサ，卵の判別
	遅延発光測定	蛍光によるアフラトキシン検出，茶・ミカンの分級
	X線CTスキャン	（内部構造の画像処理，ステレオロジー）
	原子吸光分析	無機成分の微量分析
	バイオフォトン測定	（人の感情，嗜好に対する感性）
電磁特性	インピーダンス測定	水分・糖度の測定，熟度の評価と判別
	静電容量測定	水分・密度の測定―スイカ空洞果・熟度の判別
	誘電率測定	水分測定，果汁の糖度，青果物の熟度判別
	核磁気共鳴画像解析	油脂中の固定脂含有量，成分分布，拡散係数の測定
	電子スピン共鳴法	遷移金属の測定，油脂や乾燥食品・貯蔵米の酸化
音響特性	打音解析	果実の空洞果検出，固有振動数等の力学的物性計測
	超音波透過・反射法	大豆の含水率，牛乳の脂肪含量，断層エコー撮影
	超音波顕微鏡	弾性・密度・粘性等の力学的物性と分布画像計測
	光音響分光法	（可視光パルス照射による発生音響スペクトル解析）
バイオセンサ	脂質膜味覚センサ	成分・味覚の検知，（味覚・嗜好の数量化）
	水晶振動子式匂いセンサ	匂い成分の検知，（匂い・嗜好の数量化）
	酵素センサ	糖・酸・脂質・尿酸等の検出とプロセス計測制御
	微生物センサ	糖・酸・抗生物質等の検出とプロセス計測制御
	免疫センサ	ホルモン・血液型等の測定（感情変化の検出）
力学的特性	圧縮・引張試験	力学物性・強度特性の計測
	クリープ試験	粘弾性特性の計測とそのモデリング
	共鳴振動法	弾性係数，容積等の遠隔測定
	細線加熱法	液状・半固形材料の粘性・性状変化の検出
	テクスチュロメーター	嚙みごこちの数量化
温度	放射温度計	非破壊遠隔測定，サーモグラフィによる温度分布
	水晶温度計	体内温度遠隔精密測定―消化器官の温度と感情変化

カラー撮像管と画像処理技術，味覚や風味は近赤外成分分析法や最近脚光を浴びている各種のバイオセンサ，特に脂質膜などを用いた味覚・匂いセンサなどが近い将来利用可能で有力なデバイスとして挙げられる．デバイスの分野で残された問題は信頼性の高いテクスチャの計測と評価法であり，古くて新しい問題の代表格でもある．いずれにせよ食品の多様な特性を総合的に計測し，物理量として出力するマルチセンサの出現が待たれる領域である．

表1.1に示した「遅延発光測定」は紫外線をクロロフィルに照射するとクロロフィルを構成している分子の基底状態にある電子が励起され，準安定状態を経由して再び基底状態に復帰するときに放出される極微弱な蛍光を測定する方法であ

る．一般に遅延光の光度は弱いものの減衰時間が長く，この発光のパターンを画像として計測することにより，生体からのメッセージを受け取ることが可能になるものと考えられている．人の感情変化を非接触で計測する可能性を秘めている方法に，バイオフォトン（Biophoton）の計測法が挙げられる．バイオフォトンの発光は生体を構成するミクロな物質系から生体全体のマクロな系に至るあらゆるレベルで観測されており，生命を維持している生体からの光のメッセージと考えられている．発光の特性は生命活動や生理機能の発現・変化に応じて変化することが次第に明らかにされてきた．この計測技術は光センシングにおける未踏極限技術として紹介されており，現時点では人の皮膚表面から放射されるバイオフォトンの画像計測が試みられている段階にあるが，この計測法が確立されれば次のステップは人の感情変化を画像パターンから推測する可能性を探ることになろう．

このほかに感情変化の測定には免疫センサによるホルモン・血液型（血液型が嗜好形成に関与するものであれば）の検出，細線加熱法による体液性状変化の検出，水晶温度計の体内投入による体内温度遠隔精密測定などが有効になるものと予測している．最近，新聞紙上に水晶温度計による消化器官内温度の測定法が医療先端技術として紹介されていたが，美味しいとかまずいとか感じながら消化するときの胃内消化反応速度差を温度差として検出することが可能であれば，嗜好の計測技術の面からも興味ある問題ではある．

b．感性モデリング・システム

食品感性工学の全システムの中で，最大の課題は人の味覚・食嗜好の形成過程のモデリングであろう．現存する技術の中ではニューラルネットワークの利用が有効であると考えられるが，この手法の難点は教師信号として客観性の高い官能検査結果が必要とされることである．この問題を解決するためには，まず生物の脳が行っている，興味のある部分や必要とする部分にウエイトを置いた柔軟な並列情報処理を模倣した，いわゆるバイオコンピュータ的な情報処理法の開発が必要であろう．理想的には官能検査データを必要とせず，マルチセンサで計測された物理化学的情報に基づき，人の感性，ここでは嗜好そのものまたはそれらの形成過程を数量化する手法の開発が望ましい．すなわち，嗜好モデリング・システムの構築に関連する領域の進展が期待される．このためには次に示すマーケティ

ング手法の中で従来用いられている統計的数量化手法と上述した各種のデバイスによる計測結果とを有機的に結合するための手法を確立することが重要と予測される．

c．評価・判断システム

米国の大学院ではビジネススクールの中に新製品開発のための戦略的マーケティング手法を組織的に学べる，いわゆる「プロダクト・マネージメント」のコースを設けているところが多いが，日本ではこのような講座を設けている大学は数少ない現状にある．食品感性工学はこのような研究領域を先取りし，さらに強化・発展する位置づけにある．そこでは前項で述べた先端計測技術と嗜好数理モデルを利用し，また，逆に従来の手法を数理モデル構築のアイデアとして還元しながら消費者の食嗜好を高度に数量化してゆくプロセスが進展するものと予測される．これに伴って，より物理的で客観性の高さに裏付けされたマーケティング手法の開発も多方面で進展するものと考えられる．その結果，たとえば従来社長の「鶴の一声」で決まったといわれる新製品の開発戦略などに客観的な判断材料を提供する「食品消費予測・判断システム」が選挙開票結果の予測システムと同程度の信頼性をもって実用化されることが期待される．

1.8 食品感性工学の課題と展望

これまでに述べた「食品感性工学」は学術的に全く新しい分野であり，その領域も広く認知されているわけではない．また，技術的にも完成されていない未知の分野を多く含んでいる．食嗜好は人の感情に由来する度合いが大きく，このために単に食品の嗜好関連要因を計測して，その特徴を抽出し，おいしさに客観的なスケールを与えるだけでは，嗜好の計測が完成したことにならない．また，技術面では，人の感情の変化を遠隔かつ高速で計測・評価する方法の開発が究極の課題となることも明らかである．さらに，現存する技術レベルではとうてい到達不可能な課題であることも明白な事実として認識されている．そこで，本章では嗜好関連技術の現状を概観することよりも，この分野の将来を見越した学問・技術のあるべき姿を「夢として」思い切って大胆に描いてみることに重点を置いた．その結果がここに提唱した「食品感性工学」の領域であり，その特色はセンサなどの計測技術からマーケッティング手法の開発に至る流れをシステム化して取り

扱うための基礎科学としての側面を有し，また，消費者の感情・購買意欲を対象とする応用科学の新分野も包含している点にあるといえる．

　近年，食品に限らず楽器・自動車などの設計・生産に人の「感性」を考慮する試みが始められ，いろいろな分野の学会で「感性」をキーワードとする研究が発表されるようになってきた．このように「感性」は生活のアメニティと密接不可分の関係にあり，近い将来に学問的にも産業的にも急速な発展が予測される．食品感性工学の発展は食品科学，情報科学，システム工学，機械・電子工学，心理学，生理学などの分野の研究者の相互啓発と共同研究により促進されるものと期待されている．
〔相良泰行〕

2. 食嗜好の計測・評価技術

2.1 米の食味計

　現在実用化されている食味や嗜好に関連する計測・評価システムの具体例として「米の食味計」を取りあげ，その技術レベルを紹介する．図2.1に米の食味計の計測・評価システムの概念図を示す．このシステムの開発に当たっては，まず走査型近赤外線吸収スペクトルアナライザにより材料の赤外線吸収特性曲線を測定し，これらのスペクトルの中から食味成分の吸収波長帯が特定されるとともにその含有量が推定された．次に，機器分析によって得られた食味成分含有量のデータから官能検査結果を予測し，両者を結合する試みが行われた．はじめ両者の間には線形関係が存在するものと仮定され，線形主成分重回帰分析が行われた．しかし，その結果は「食味」と「成分量」の関係に非線形性が含まれることを示した．すなわち，この方法は本来変量が線形な変化をする場合に有効な方法であ

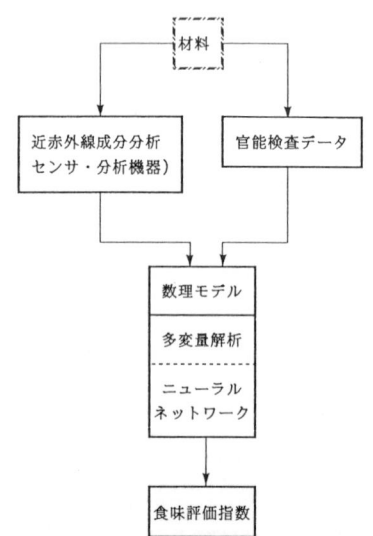

図2.1　米の食味計測・評価システム

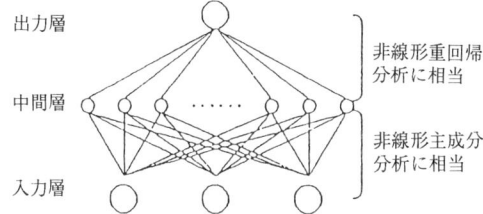

図2.2 ニューラルネットワークと非線形多変量解析[1]

り，食味の推定には非線形多変量解析が必要と考えられた．そこで，図2.2に示すように入力層のユニット数を，① 白度，② 水分，③ アミロース，④ 脂肪酸度，⑤ タンパク質の5ユニット，中間層20ユニット，出力を食味の総合評価指数の1ユニットで構成されるニューラルネットワークが考えられ，教師信号には官能検査データが入力された．

このニューラルネットワークと多変量解析手法との対応関係は，入力層-中間層間が非線形主成分分析に，中間層-出力層間が非線形重回帰分析に相当する．このような手法を導入したことにより官能検査から得られる食味を，計測された米の食味成分から良好に推定することが可能になった．

このシステムの核心的な点は，粒状または粉状の材料のままで成分分析を行い，炊飯した後の食味を予測していることにある．このようなシステムの開発が成功した要因は，まず，主食である嗜好性の低い米を測定対象に選んだことであり，次に標準化された官能検査の手法とその信頼性の高い結果に対する評価法が確立されていたことである．このことが成分分析結果と官能検査データを相関させるための数理モデルに信頼性をもたらしたものと考えられる．特に，ニューラルネットワークの学習プロセスに用いる教師信号の普遍的信頼性が官能検査結果から得られた意義は大きいと考えられ，人の嗜好に関する数量化手法の重要性が浮き彫りにされている．このことは，現在，このシステムをコーヒー豆や牛肉に適用する研究が進められているにもかかわらず，このような嗜好性の高い材料に関する官能検査手法や得られたデータの解釈に疑問が残り，結果的には成分量と食味評価指数との間の高い相関が得られていない現状にも示されている．

2.2 青果物の選別システム

a．共選施設の現状

共選施設とは産地において生産者から集荷した農産物を一定の基準にしたがっ

て選別・格付け・包装し,商品としての荷姿に整えて流通の場に乗せる機能を有する施設のことである.すなわち,本節では「共選施設」が青果物共同選別包装施設を指すものとする.

このような施設は,その導入の当初,生産農家の出荷労力を軽減することが主な目的であったが,現在ではさらに産地における青果物流通・販売の戦略拠点としての多様な機能を果たすようになってきた.このため,新施設の建設や旧施設の更新に当たっては,地域青果物の一元集出荷を目的とする統合選別施設が計画され,その規模はますます巨大化する傾向にある.また,施設内に設置される機械設備も先端技術を駆使した高度にメカトロニクス化されたシステムとなり,その技術レベルは「食品感性工学」の概念を部分的に実現したものとして注目される.

このような現状にある共選施設に設置される選別包装プラントの選別工程を構成する「選別機」の導入状況を概観するとともに,近年,急速に実用化されてきた光センシングに基づく選別システムの研究・開発の動向とその技術的評価について述べる.

b. 階級選別と等級選別

青果物を選別する意義は,所定の基準により対象品目の等階級を揃え,その基準に基づく等階級レベルの品質を保証することにある.したがって,選別システムの基本的な機能は「人為的に定めた基準に従って,非破壊で全数を検査し,その基準を越える青果物と基準以下のものに仕分ける」ことにある.しかし,「基準」は青果物の種類,品質を評価する指標のマーケティング面での重要度などにより多様であり,選別のための測定項目も当然品目別に異なる.その選別方法を大別すると,規格の大小基準に相当する重さや大きさに基づいて選別する「階級選別」と,品質基準に相当する外観,損傷,味などに基づいて選別する「等級選別」に分けられるが,いずれにせよ共選施設における選別方式に特に要望される条件は,食嗜好の計測・評価法と同様に非破壊,遠隔,高速度の3条件である.

c. 選別システムの導入と開発の経緯

選別の機械化は,まず球形果実を対象として,機械的な篩を用いて果実のサイズにより選別する「形状選別機」に始まり,次に果実の重量を機械的ハカリで計

って選別する「重量選別機」が開発された．この段階で共選施設では，これらの階級選別機のみが用いられ，等級選別は人間の「視覚」による主観的判断に委ねられ，階級選別工程の前後で多大の労力を費やして行われた．次の段階では，重量選別機の計測部にロードセルやフォースコイルを用いる「電子秤重量選別機」が開発され，現在では国内におけるこの方式の普及率は 60％以上と推定されるほど技術的にも信頼性が高く，安定・定着した装置となっている．

　一方，形状選別にはカーテンビームを用いて光学的に果実のサイズを計測する方式が導入され，次にモノクロームカメラで撮影した撮像を画像処理して果実の形状を抽出する「画像処理式形状選別機」が開発された．これにより複雑な形状を有するキュウリなどの長物青果物の選別も可能となった．この装置ではキュウリの「長さ」「太さ」「曲がり」「鼻曲がり」「体積」などの測定が画像処理により計測され，ここに至って等級選別要因の一部が機械的に判別可能となり，等階級同時選別への道が開かれた．さらに，撮像センサをカラーカメラに替えることにより，果実表面色の着色度・傷等に関する詳細な外観の等級判別情報と階級判別要因とを総合的に解析・判定して選別する機能をもつ「カラーグレーダー」が開発され，主に落葉果実の選別ラインに導入されてきた．

　等級選別要因の中でも，青果物内部の品質を判別する自動計測技術の出現は，選別機の開発当初からの長年の夢であったが，現在では「内部構造」に関してスイカの打音・密度計測による判別が可能となり，また，電磁波，特に近赤外線の反射スペクトル分析による「糖度・酸度・熟度センサ」が開発され，選別ラインへ実装されるに至っている．これら内部品質の測定システムについては一部に性能に関する客観的評価に疑問は残るものの，選別システム全体としては世界的なレベルからみても，画期的な技術として注目を集めている．現在では，対象青果物の「重量」「形状」「外観」「内部品質」などの判別要因を品目の特性と重要度に応じて選択し，それらの判別要因を自由に組み合わせて自動的かつ総合的に判断する選別システム，すなわち「インテリジェント選別システム」の利用が可能となっている．

　ここでは，選別能力，精度，汎用性の面からみて信頼性が高く，技術的にも確立されたと考えられている階級選別機の代表として，「電子秤重量選別機」を，また，最新の等級選別システムとして注目を集めている「画像処理選別システム」，「カラーグレーダー」および「糖度・酸度・熟度センサー」を取り上げて，主にそ

d．電子秤重量選別機

　重量選別機は青果物の重量を基準にして選別する機能を有し，リンゴ，ナシ，モモ，カキなどの落葉果樹，ピーマン，トマトなどの果菜，バレイショなどの選別に広く利用されている．計測方法の原理は青果物個体の重量と分銅やバネ張力との機械的に連続比較する方式から，フォースコイルやロードセルなどの重量センサーを計測の心臓部として用いる，いわゆる電子秤重量選別機に主流が移ってきた．図2.3に示すように，この方式では電子秤をラインの1カ所に設置して計測部とし，電子式天秤の秤量台上にバケットを滑走させて重量を瞬時に計測し，電子式コンパレーターにより階級を判定する方式をとっている．すなわちバケットは図2.3の下図左側に示すように，2条のチェン間に装着された2本の連結ピンに支持された状態で青果物を搬送している．このバケットが計測部に至ると，振動防止のために秤量台前部に設けた案内レールによりわずかに持ち上げられて連結ピンと切り放され，チェンに取り付けられたコロに押されて秤量台上を滑走し，最適測定点で重量の計測が行われる．計測時のバケットはチェンの拘束から

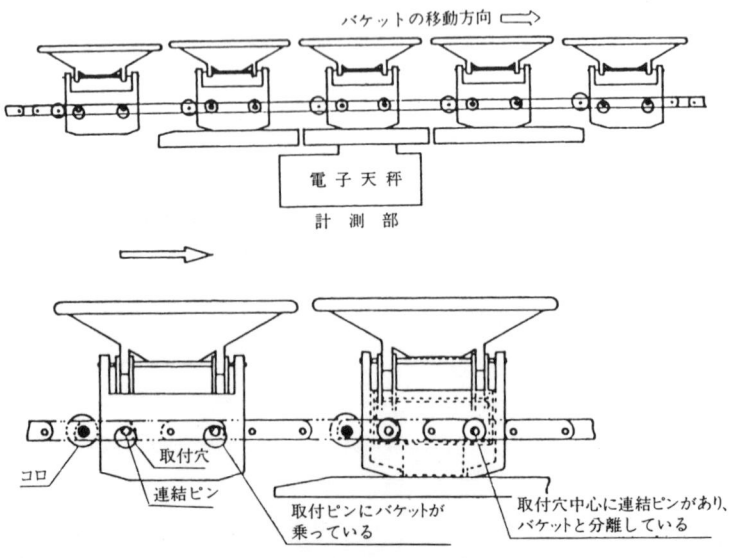

図2.3　電子秤重量選別機の計測方法

開放され，コロとバケット側面の一点のみで接触する状態となる．このため搬送チェンの重量計測精度への影響を極力避けることが可能となり，測定精度に格段の進歩がもたらされた．

バケットの最大選別速度は毎時10,000個程度で，この時200g程度の青果物を選別して±0.5g程度の精度が容易に得られている．この方式が実用化された技術的要点として，① バケットの構成部品をプラスチック形成品としてバケットの軽量化と重量の均一化を図ったこと，② バケットの排出機構を従来の複雑なロバーバル機構から新しく考案した傾動排出機構に改善し，単純化を図ったこと，コンピュータの利用により，③ 選果機の空転時メモリに空のバケット重量を記憶させ，青果物を乗せたときの総重量から空バケット重量を差し引く方法，④ 数個空バケットが続いたとき，その重量を自動的に随時計測して空バケット重量の補正を常時行う方法などが考案されたことなど，測定精度向上のために多方面にわたる技術革新がなされたことが挙げられる．

e．光線式選別機

機械式形状選別機による果実の損傷問題を解決するために，1976年にフォトセルを用いた光線式選別機が開発され，その後カーテンビーム式へと発達した．図2.6にその発達過程を示す．

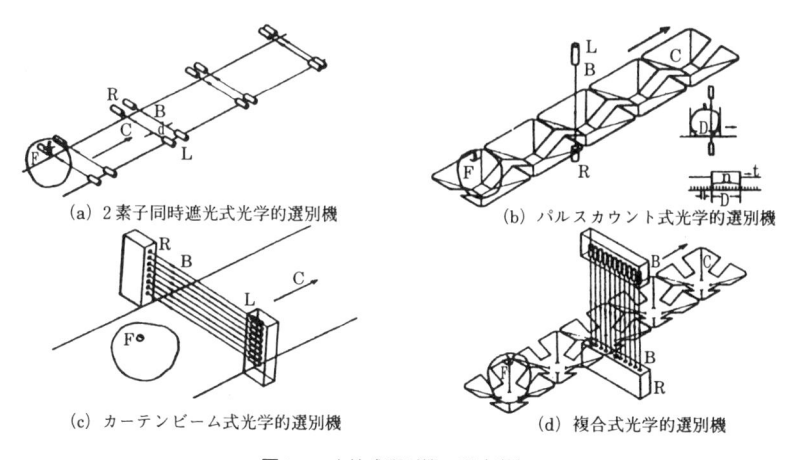

(a) 2素子同時遮光式光学的選別機

(b) パルスカウント式光学的選別機

(c) カーテンビーム式光学的選別機

(d) 複合式光学的選別機

図2.4　光線式選別機の発達過程
F：果物　C：コンベヤ　L：投光器　R：受光器

図2.6(a)は2素子同時遮光方式と呼ばれる日本で最初の光線式のもので，分級基準の果径 d に相当する間隔で，1階級2組の投光機Lと受光機Rをセットし，コンベア上を搬送される果実が2組の投・受光機を同時に遮光した時，果実は押し板または空気の噴流により排出される．コンベアの下流に行くほど投・受光機のセット間隔を狭くすることにより形状選別が可能となる．

(b)は上に述べた方式の直後に開発されたパルスカウント式のもので，バケットに果実の進行方向に平行した矩形の穴をあけて，果実の外周が垂直方向の光束を横切るようにし，この時に発生する影の長さをパルスとして検出する．すなわち，影の時間的長さの範囲でバケットの動きに同期して発生するロータリエンコーダからのパルス数をカウントすることにより，果径を計測するパルスカウントと呼ばれる方式である．

(c)はカーテンビーム式と呼ばれるもので果実が光束のカーテンを通過した時に遮られた光束数から果高と果径を計測する方式である．(d)はカーテンビームの真中の検出器でパルスカウント式によりコンベヤ進行方向の果径を計り，他のビームにより横幅を計って，両者より平均果径を算出して分級基準と比較・選別する「十字測定」とも呼ばれる複合式である．これらの方式の中で，カーテンビームを用いる(c)と(d)の方式が柑橘類や落葉果実の選別に普及し，現在でも使用されている．

f．画像処理選別機

1986年にはキュウリを対象にした白黒CCDカメラによる画像処理選別機が実用化され，等階級同時選別方式の先駆けとなった．図2.5にわが国で初めて学会で発表された画像処理選別機の構成図を示す．現在利用されている装置もハード面では基本的にこの構成と変わりないが，ソフトウェアの面では対象青果物の種類によって等階級判別要因が異なるため，これに対応する各種の解析アルゴリズムが開発されている．

図中の光学センサとして用いられるカメラは撮像素子の材料と構造によって撮像管型と固体撮像型に分類されるが，前者は後者に比べてカメラのサイズが大きく，さらに残像現象が生じ，寿命の面でも劣ることから，現在では後者のリニア型CCD固体撮像素子を内蔵したカメラが多く用いられている．搬送コンベヤ上のキュウリは白熱電球などで均一に照明され，背景（コンベヤ）から抽出したキ

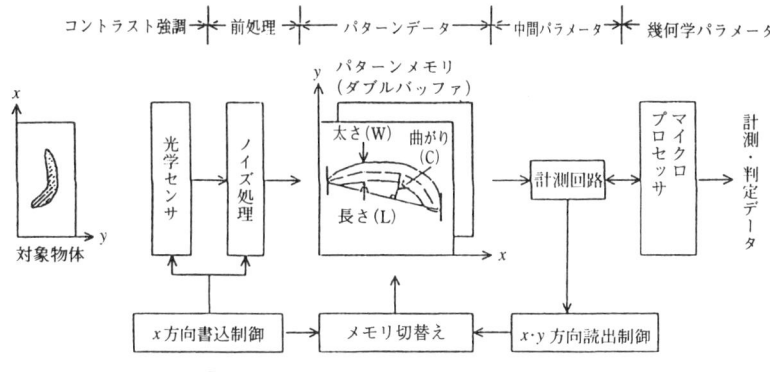

図中ラベル（図2.5）: コントラスト強調／前処理／パターンデータ／中間パラメータ／幾何学パラメータ／光学センサ／ノイズ処理／パターンメモリ（ダブルバッファ）／太さ(W)／曲がり(C)／長さ(L)／対象物体／計測回路／マイクロプロセッサ／計測・判定データ／x方向書込制御／メモリ切替え／x・y方向読出制御

図2.5　画像処理選別機の計測・制御システム

ュウリの2値画像データは画像位置の調整，画像強調，孤立ノイズ除去などの前処理の後，パターンメモリに2次元配列で書き込まれる．パターンメモリは複数用いられ，データの書き込みと呼び出しが計測回路からのメモリ切替え信号により制御される．計測回路はマイクロプロセッサのコマンドを解読し，パターンメモリを走査して画像外縁の座標を求めて中間パラメータとし，これをマイクロプロセッサに送る．さらに，計測システム各部の動作も制御する．マイクロプロセッサでは中間パラメータを解析することにより，等階級判定データを算出し，このデータは果実排出機構の駆動や精算事務に利用される．現在のところ，画像処理選別機の1時間当たり処理速度は約1万個であり，これは電子秤重量選別機の処理能力に相当する．

　キュウリの階級は長さで判別され，等級は他の5つのパラメータで決められる．その解析アルゴリズムの一例を図2.6に示した．実際の等級判定は，まず，長さにより階級を決定し，次に，それぞれの階級ごとに設定した等級判定基準値と実測されたパラメータの値とを比較することにより「秀」「優」「良」の等級判定が行われる．その方法として，たとえば，5つのパラメータすべてが秀と判定されたものだけが最終的に「秀」と判定され，また，4つのパラメータが秀と判定されても，残り1つのパラメータが良と判定されれば，最終判定結果を「良」と判定する，いわゆる論理演算法でAND方式と呼ばれる方法などが用いられている．

g．カラーグレーダ

　近年，白黒カメラの代わりにR.G.B.カラーカメラを光センサとして用い，青果

26   I. 食生活編

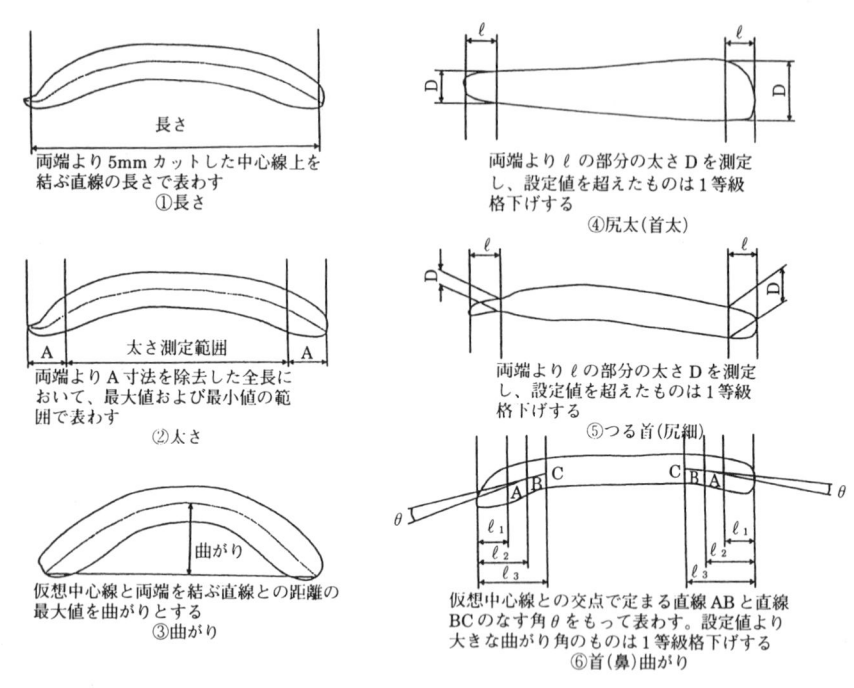

①長さ
両端より5mmカットした中心線上を結ぶ直線の長さで表わす

②太さ
両端よりA寸法を除去した全長において、最大値および最小値の範囲で表わす

③曲がり
仮想中心線と両端を結ぶ直線との距離の最大値を曲がりとする

④尻太(首太)
両端よりℓの部分の太さDを測定し、設定値を超えたものは1等級格下げする

⑤つる首(尻細)
両端よりℓの部分の太さDを測定し、設定値を超えたものは1等級格下げする

⑥首(鼻)曲がり
仮想中心線との交点で定まる直線ABと直線BCのなす角θをもって表わす。設定値より大きな曲がり角のものは1等級格下げする

図2.6　キュウリの選別アルゴリズム

物の形状に関する情報に表面色の情報を加味して画像処理を行い、等階級同時判別を行う「カラーグレーダ」が開発され、リンゴ、モモ、トマトなどの共選施設に導入されてきた。その計測処理部の概念図を図2.7に示す。計測処理部はカメラ、照明装置と反射ミラー、中央処理装置、制御処理装置、モニタTVで構成される。

　整列供給装置によって計測部に供給された果実の表面をハロゲンランプで均一に照明し、数枚の反射ミラーと1台の新しく開発された「高分解能R.G.B.リニアイメージセンサカラーカメラ」を組み合わせることにより、果実表面のカラー画像を検出する。この装置の開発の段階では、果実表面の全表面情報を画像として検出するために、複数のカメラを多方向に設置したり、果実を回転させて機械的スキャンを行うなどいろいろ工夫が試みられた。実用的には図2.8の例に示されるように、カメラの直接撮像による果実上面画像と2枚のミラーによる2つの側面画像の合計3画像を画像処理に供する簡略化された方式が採用されている。この方式が選択されたのは、ミラーの占有面積が少なく、ハロゲンランプの設置ス

2．食嗜好の計測・評価技術　27

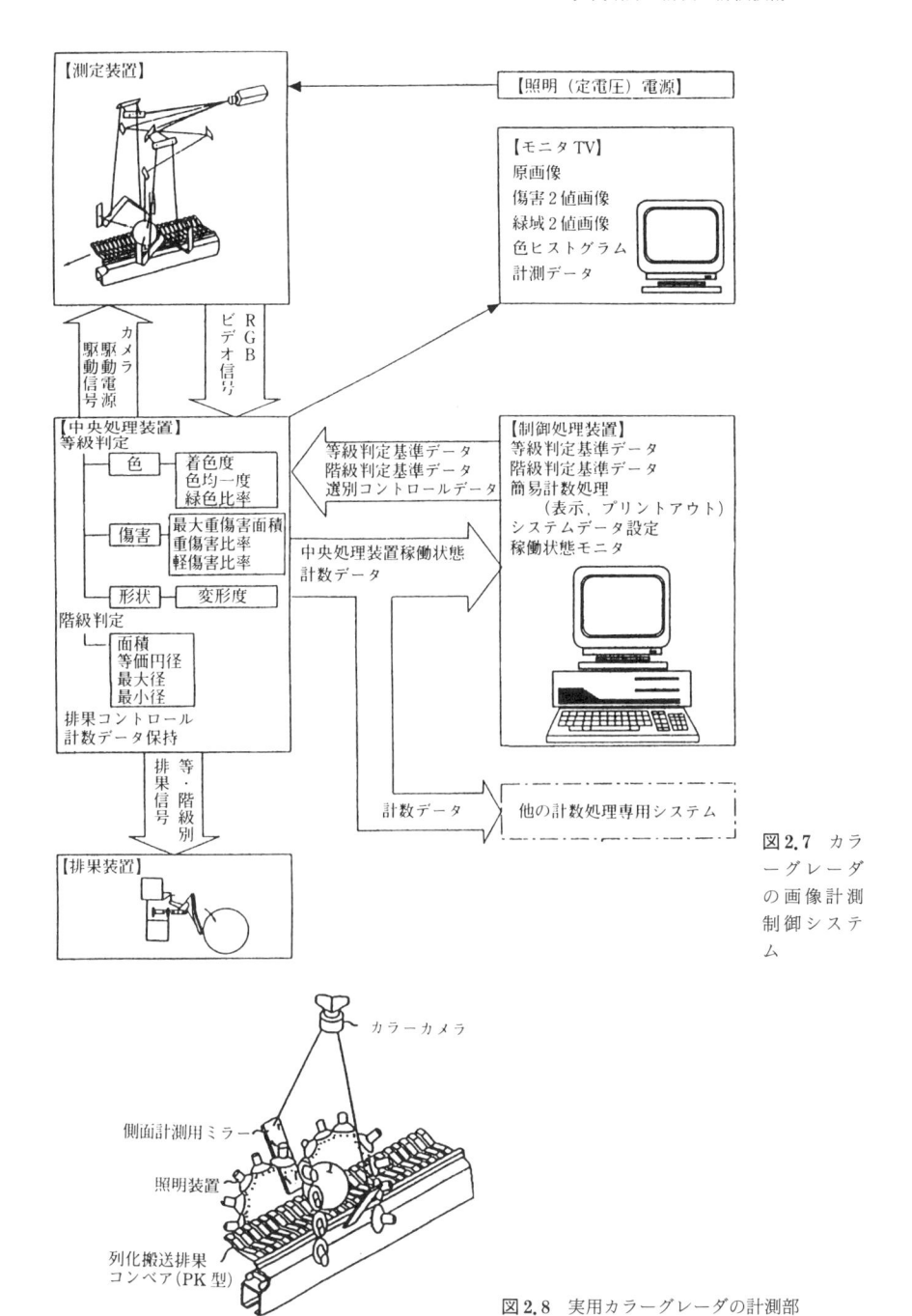

【測定装置】 ← 【照明（定電圧）電源】

【モニタTV】
原画像
傷害2値画像
緑域2値画像
色ヒストグラム
計測データ

カメラ駆動信号
駆動電源
RGBビデオ信号

【中央処理装置】
等級判定
├─ 色 ─┬─ 着色度
│   ├─ 色均一度
│   └─ 緑色比率
├─ 傷害 ─┬─ 最大重傷害面積
│   ├─ 重傷害比率
│   └─ 軽傷害比率
└─ 形状 ── 変形度
階級判定
└─ 面積
   等価円径
   最大径
   最小径
排果コントロール
計数データ保持

等級判定基準データ
階級判定基準データ
選別コントロールデータ

中央処理装置稼働状態
計数データ

【制御処理装置】
等級判定基準データ
階級判定基準データ
簡易計数処理
（表示，プリントアウト）
システムデータ設定
稼働状態モニタ

排果信号
等・階級別

計数データ → 他の計数処理専用システム

【排果装置】

図2.7 カラーグレーダの画像計測制御システム

カラーカメラ
側面計測用ミラー
照明装置
列化搬送排果コンベア（PK型）

図2.8 実用カラーグレーダの計測部

28 I. 食生活編

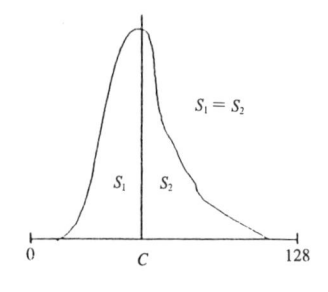

(1) 着色度 C

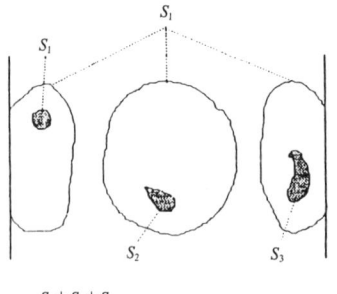

$\dfrac{S_q}{S_t} \times 100 = q\ (\%)$

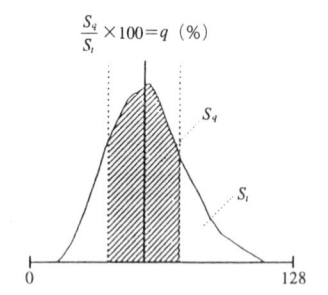

(2) 色均一性 q 〈％〉

$\dfrac{S_g}{S_t} \times 100 = g\ (\%)$

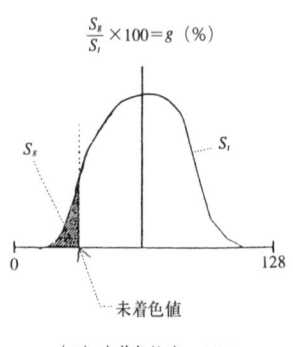

未着色値

(3) 未着色比率 g 〈％〉

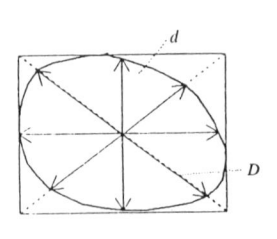

$\dfrac{S_1 + S_2 + S_3}{S_t} \times 100 =$ 傷害比率 $\$\ (\%)$

(4) 傷害比率 $\$$ 〈％〉

$S_3 =$ 最大傷害面積 S_m 〈mm²〉

(5) 最大傷害面積 S_m 〈mm²〉

(6) 変形度 d/D 〈％〉

図2.9　カラーグレーダの選別アルゴリズム

ペースを確保することができるなどの技術的利点とミラーを主体にして計測部を構成できることから，装置コストが安価になるためである．最も単純な方式では，ミラーを設けず，移動している果実上面のみを撮像し，大きさと着色を判別して

表2.1 カラーグレーダによる等級判定のアルゴリズム（図2.9参照）

選別パラメータ	記号	アルゴリズムの説明
1) 着色度	C	128階調で求めた色値ヒストグラムの中心値
2) 色均一性	q	色値（C）を中心にして指定した色幅内にある画素数の総画素数に対する割合
3) 未着色比率	g	指定した色値より緑側にある画素数の総画素数に対する割合
4) 障害比率	S	抽出した障害画素数の総画素数に対する割合
5) 最大障害面積	s	連続した傷で構成される最大集合画素の面積
6) 変形度	d/D	最大径 D に対する最小径 d の比率（柑橘を除く）

いる．

カメラの R.G.B. 出力信号は中央演算装置に送られ，等級の判定要因として表面色（着色度，均一性，緑色比率），障害（最大重障害面積，重障害比率，軽障害比率），形状（変形度）に関する情報に加工される．これらの等級判定要因のパラメータはすべての撮像画について1画素ごとに色値を求め，色値とその画素数から作成したヒストグラムに基づいて計算される．その一例として，図2.9に128階調で求めた色値ヒストグラムに基づく色，障害，形状に関するアルゴリズムを図示し，その内容を表2.1に示す．また，階級の判定要因として表面積，等価円径，最大および最小径などが計算される．これらの情報は制御処理装置から送られる等階級判定基準データと比較され，最終的に等階級が判定される．判定結果は等階級別排果信号として排果装置に送られ，その排出ソレノイドを駆動する．中央処理装置の計数データは制御処理装置や他の計数処理専用システムに送られ，精算事務処理などに利用される．

h．光糖度・酸度・熟度センサ

落葉果実を対象とする共選施設では，1990年頃からカラーグレーダの計測部に「光糖度センサ」を設置し，果実の糖度を検出して，等級判別要因に加えるシステムが導入され始めた．これの原理は，果実の近赤外吸収スペクトルもしくはこれの二次微分スペクトルの中から，果実の糖度と最も相関の高い波長を選び，その波長の吸光度と糖度の検量線を利用して果実の糖度を予測する方法，すなわち「近赤外分光法」に基づいている．

図2.10にその計測原理を説明するためのブロックダイアグラムを示す．まず，コンベア上の果実に光を照射して果実表面からの反射光をレンズで集光し，これ

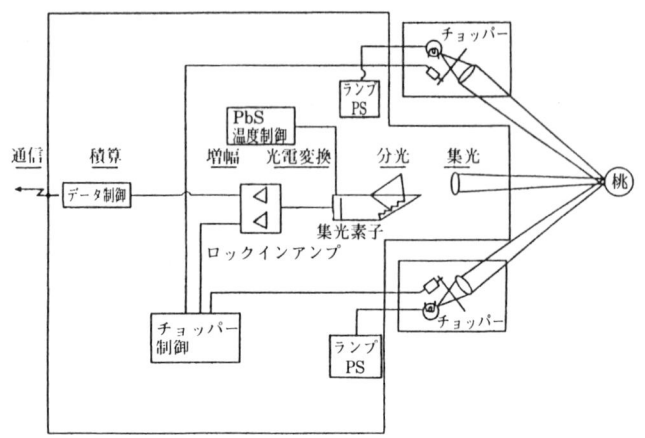

図2.10 光糖度センサの計測方式

を分光器にかけて所望の波長の近赤外線のみを取り出す．次に受光素子で電気信号に変換し，それぞれの波長の反射強度を求め，最後に別途実験から求めた数理モデルを用いて果実の糖度を算出する．この方式では果実の反射光を分光するので「後分光」方式と呼ばれ，あらかじめ分光した波長帯の光を照射する，「前分光」方式と区別されている．光の反射強度から糖度を算出するための検量線は対象とする果実の種類，熟度のばらつき程度，さらに，等級の設定などによって異なる．現在のところ，各選果場で異なる検量線が用いられ，これが販売戦略のデータとなって公表されていないために，このセンサの実用的精度を客観的に評価するのは困難である．しかし，すでに導入した施設では生産農家との格付けに関するトラブルの解消に役立ち，また，「糖度センサ」が商品差別化の手段として市場で認知されることを期待しているようである．

　最近，温州ミカンなどに照射した光の透過光強度を測定して，果実の酸度を計測する「酸度センサ」が開発されて注目を集めている．果実の酸度は近赤外領域の二次微分スペクトルをとることにより，計測可能と考えられてきたが，現在，実用装置の導入が検討されている段階にあり，計測方法の詳細は不明である．

　現在，糖度センサと同様に「熟度センサ」が一部の施設で導入され始めている．しかし，果実の熟度を定義する要因はメーカーによって異なり，それが公表されていないために，このセンサーの実態は必ずしも明らかにされていない．ここでは，果実の熟度を表す物理的指標として表皮のクロロフィル含量と果実の硬度を

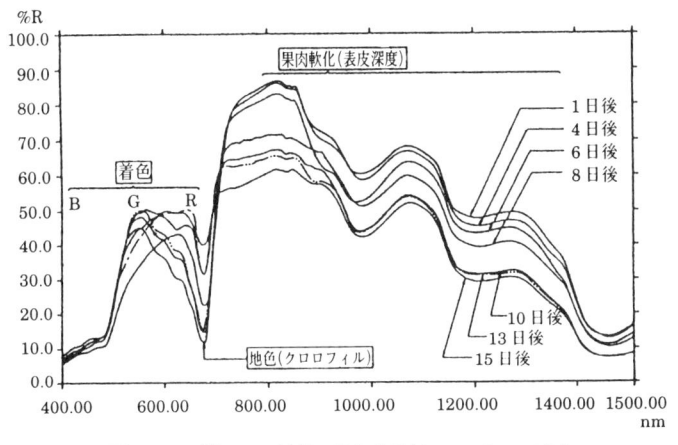

図 2.11 西洋ナシの追熟に伴う光反射スペクトルの変化

電磁波の吸収度と相関させて検出し，これらを組み合わせて一つの熟度指標としている方式について述べる．

図 2.11 は西洋ナシ（品種：ル・レクチェ）の貯蔵中における電磁波の反射特性の経日変化を示す．波長帯 400〜700 nm の範囲からは果実表面色の情報が得られ，特に 680 nm 付近はクロロフィルの吸収波長であり，果実表面の着色度を表す情報として利用される．果実硬度の変化は 800 nm 近傍の波長を採用することにより検出可能と考えられる．電磁波の反射特性は果実の種類・品種により変化するので，実際にはそれぞれの果実・品種を対象として，ここに示したような反射特性を計測し，検出しようとする熟度パラメータの検出が可能な波長を選択してパラメータを数量化し，これを演算処理することにより熟度指標を算出する方法が採られている．計測システムは図 2.10 に示した糖度センサの場合と基本的に同様と考えられる．

2.3 センサの性能評価

a．クレームの発生

これまでに述べたように青果物を対象とした光センシング技術の進歩は急速であり，メーカー間の新技術開発競争は激化の一途をたどっている．一方，共選施設では産地間競争に打ち勝つための「差別化商品」を販売ルートに乗せるために，新技術を先取りするかたちでの導入が進められている状況にある．しかし，これ

らの新技術，特に味や熟度に関するセンサの計測・判別方式は必ずしも明らかにされておらず，また測定精度に関する客観的な評価も確立されていない現状にある．さらに，これらのセンサを導入した施設の中には，判別結果に対する生産農家からのクレームのために，このセンサの利用を見合わせているところもある．このため，これらセンサの実用面における客観的評価が緊急な課題となってきた．

b．センサの性能評価法

筆者らは糖度センサの性能評価に関する研究の一環として，リンゴ（品種：サンふじ）を対象として，リンゴの長期貯蔵施設に付設されている光糖度判別ラインを利用して，貯蔵前後のリンゴの糖度を実測し，その結果を屈折糖度計で測定した結果と比較することにより，光糖度センサの測定精度を評価した．

図2.12に光糖度センサの光照射部位と果汁採取のための果実分割法を示す．すなわち，この図に示すように，果実の赤道4カ所の部位に光を照射し，それぞれ

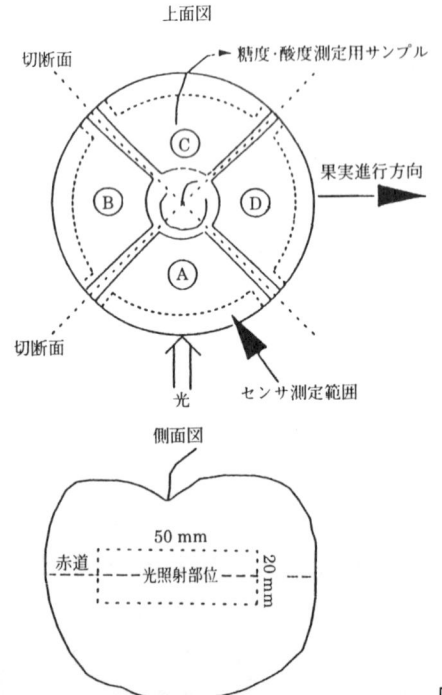

図2.12 糖度センサの光照射部位と果実分割法

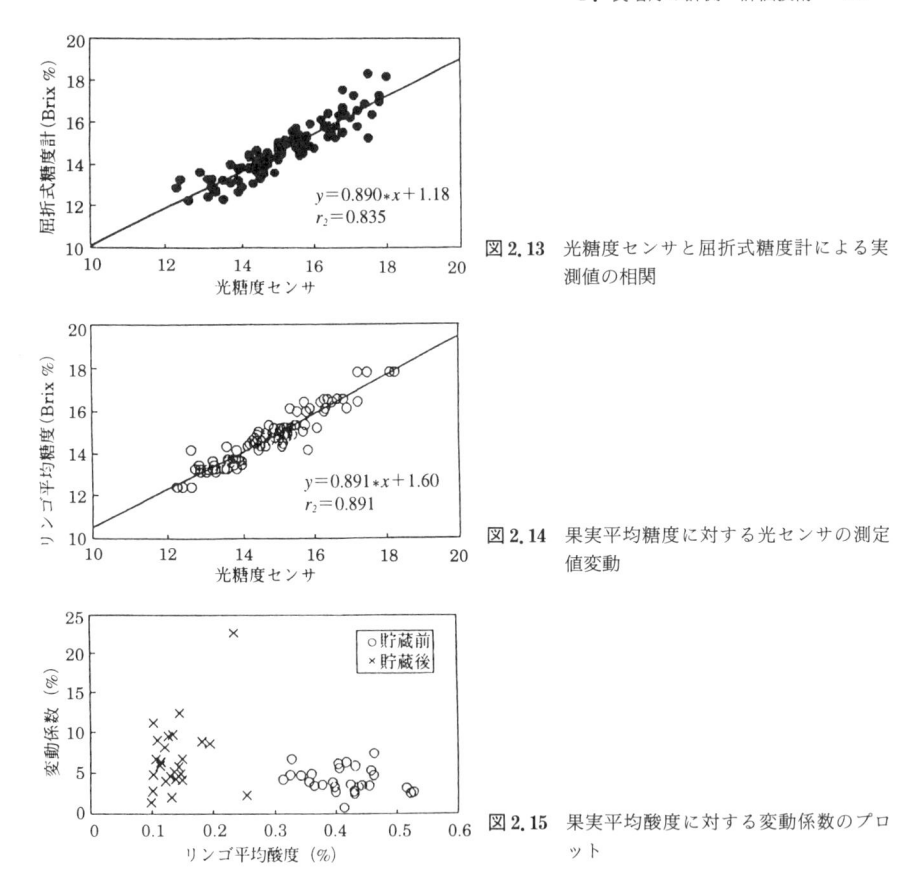

図 2.13 光糖度センサと屈折式糖度計による実測値の相関

図 2.14 果実平均糖度に対する光センサの測定値変動

図 2.15 果実平均酸度に対する変動係数のプロット

の部位の糖度データを求めた．図 2.13 に両者の相関を，また図 2.14 には屈折糖度計で測定した糖度の平均値に対して光センサで測定した 4 カ所の実測データをプロットして示した．図 2.13 に示されるように，光糖度センサーと屈折糖度計の実測値には高い相関が示され，光センサは実用的な範囲で高い精度を有していることが分かった．この精度はメーカーの違いや後分光・前分光の方式差によらずほぼ一定であることも判明している．一方，図 2.14 に示されるように一個の果実内部に 1％以上の糖度分布が検出される場合もあり，果実内部の糖度分布が著しく大きい果実を対象とする場合には，果実の平均糖度をどのように検出するかが問題となることが予測された．このため，糖度分布が大きいモモなどでは光を照射する果実表面の位置を特定し，複数箇所の測定データの平均値を採用するなど，

両者の相関を高めるための計測手法を開発する必要があると考えられた．

図2.15は果実を約3カ月冷蔵した前後における果実平均酸度に対する実測値との偏差を変動係数としてプロットして示したものである．酸度は貯蔵後に約0.3％低下し，また果実内部に酸度の分布も存在し，貯蔵後にその分布幅が拡大することが分かった．ここには示していないが，貯蔵前後の糖度の変動は顕著でなく，むしろ均一化する傾向を示した．

c．食品感性工学的評価

聞き取り調査によると，リンゴ生産農家の光糖度センサに対するクレームは貯蔵後の測定結果に対してなされたことが判明した．前項に述べた測定結果を考慮すると，貯蔵後の果実の糖度測定値は高いものの，酸度が低下することにより，実際の味は「ボケ」たように感じられ，また，貯蔵後の果実内酸度分布の拡大により，食味した部位による味の差が混乱を招き，光糖度センサによる選別結果にクレームがついたものと推察された．

一般に，「人の感覚量」と「呈味物質の濃度の対数」は比例関係にあり，また，果実の食味は酸度に対する糖度の比，すなわち，甘味比によって比較的良好に表されることが知られている．したがって，「食味」に基づいてなされた光糖度センサのクレームに対しては「光糖度センサは人が感じる味を測定するのではなく，単に果実の糖度のみを保障する」センサであることを明確に説明する必要があると考えられた．さらに，リンゴや柑橘類のような甘味比が評価の要因となる果実類の選別には，糖度センサと最近開発された酸度センサの併用が望ましいと考えられた．

d．今後の課題

近年，共選施設には最先端の光センシング技術を駆使した選別プラントが導入されるようになった．これにより，従来から人間の感覚と労力に頼ってきた等級選別工程の自動化が急速に進展し，さらにインテリジェント選別システムの構築により等階級同時選別が可能となってきた．しかし，光センシング技術の中には「糖度・熟度センサ」の導入状況にみられるように，技術の評価があいまいな状態であっても，共選施設の技術先取り競争によって，導入が先行してしまい，導入後に性能上の問題点が浮上している場合もある．このため，光センシング技術の

客観的評価が緊急の課題となっている．さらに，光糖度センサの性能評価の節で示したように，青果物の食味は糖度や酸度のみならず，テクスチャや風味に依存し，さらに温度により変化することが知られている．したがって，センサの開発は精度よりもマルチセンシングを重視する方向が望ましいと考えられる．一方，食品感性工学構築の面からはマルチセンシングで得られた出力を「人の感性のスケール」に変換するための手法の開発が急務とされている． 〔相良泰行〕

3. グローバルなアメニティのための食品加工
——膜技術の展開

　自然は本来人類に対して対立する存在であり，したがって自然はそのままでは決して人類にとっての"アメニティ"すなわち"快適"環境を与えてはくれない．われわれが現在享受することのできる"アメニティ"は自然に対して，資源やエネルギーを投入して人工的な改造を施すことによってはじめて得られるものである．アメニティを限られた時空間内で実現することは比較的容易である．しかしながら，人類全体の福祉のためにはこのような"ローカルなアメニティ"ではなく，より地域的に拡がりがあり，かつ次世代へ長く引き継がれる時空間的に拡張性の高い"グローバルなアメニティ"を目標とする必要がある．このようなアメニティの実現のためには，地球の有限性を考慮するとき，資源，エネルギーそして環境に対して極力負荷の小さい技術，すなわちソフトテクノロジーを開発する必要がある．本節では食品加工技術におけるソフトテクノロジーの代表としての膜技術について述べる．

3.1　膜技術とは

　膜技術とは膜の分子篩（ふるい）機能を利用した分離操作のことで，膜の分画分子の大きさに応じて図3.1[1]に示すように，精密濾過，限外濾過，逆浸透に分類され，それぞれ大まかには，精密濾過が微生物菌体レベル，限外濾過がタンパクレベル，逆浸透が低分子レベルの分画に相当する．これらの膜の分画性能の表示のめやすとして，精密濾過膜では膜の孔径が，限外濾過膜では分画分子量が，逆浸透膜では食塩阻止率が用いられる．

　膜技術は分離操作の一種であり，これは液体系においては次の4つのカテゴリーに分類することができ[2]，膜技術はこのいずれに対しても適用することができる汎用性の高い技術である．

　① 溶質（成分）を必要とする場合：通常の分離精製操作
　② 溶媒を必要とする場合：海水の淡水化など
　③ 溶質（成分）の除去を必要とする場合：廃水処理など

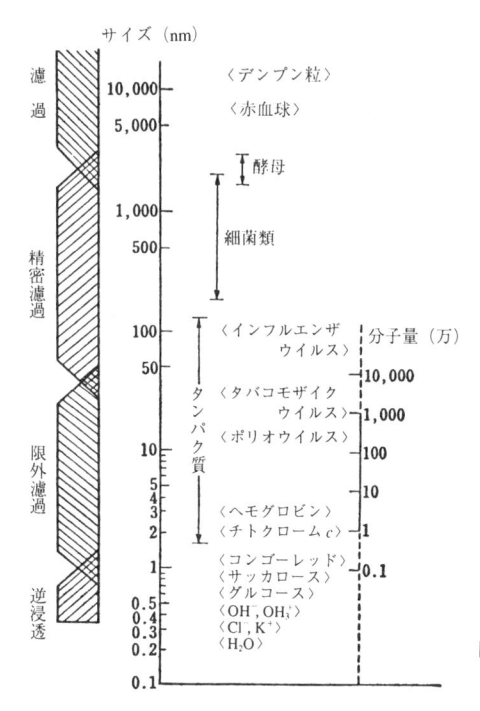

図3.1 精密濾過，限外濾過，逆浸透の範囲[1]

④ 溶媒の除去を必要とする場合：濃縮操作

膜による分離技術の最大の特長は相変化を必要としない非加熱分離操作であることであり，このため分離に要するエネルギーが少なく，食品への応用においてはその品質保持の面で有利である．さらに，膜分離技術はスケールアップが容易で，有用資源の回収にも適している．しかしながら，膜による分離機構は分子サイズの差に応じた膜の分子ふるい機能のみであるため，それほど精密な分離は期待できず，高い選択性を必要とする高度分離には適していない．図3.2にいろいろな限外濾過膜の分子量の異なるタンパク系試料に対する阻止率（＝膜を透過できなかった分子数の全分子数に対する割合）の実測値を示す．公称分画分子量をはさんで広い分子量範囲で阻止率が変化していることがわかる．したがって，膜は公称分画分子量よりかなり大きな分子でも透過させることがあり，またかなり小さな分子でも阻止することがあり，分画分子量は膜の性能の一つの目安に過ぎない．このように膜による成分分画はかなり粗いものであることを認識しておく必要がある．

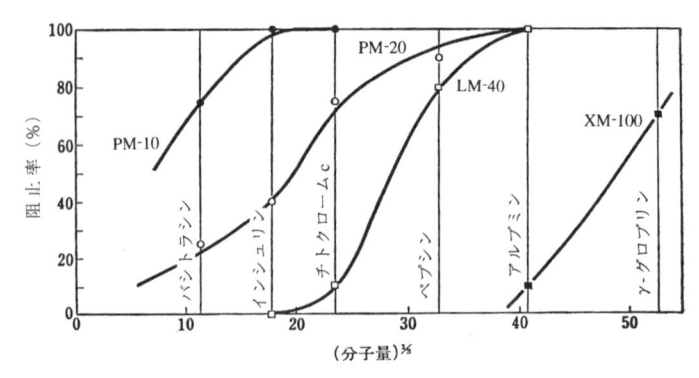

図3.2 各種分画分子量膜による各種タンパク質の阻止率[1]
実験：0.25％タンパク質液,室温,2.8 kg/cm²,Amicon 社製膜。PM-10：分画分子量 10,000, PM-20：20,000, LM-40：試作品, 40,000, XM-100：100,000. バシトラシン：分子量 1,600, インシュリン：5,700, チトクロームc：13,000, ペプシン：35,000, アルブミン：65,000, γ-グログリン：156,000.

膜の構造は，通常，膜に対する溶媒の透過抵抗を最小限にするため，表面のごく薄い層（スキン層）にのみ分子分画機能があり，他の大部分はスキン層よりもずっと粗い構造の機械的強度の維持のための構造（支持層）を有する非対称膜構造であることが多い。また膜の形状は平面構造である平膜，平膜を渦巻状に巻いた構造のスパイラル膜，円筒構造の管状膜，微細円筒構造の中空糸膜（ホローファイバー）などがあり，スパイラル膜，中空糸膜などは装置内体積当たりの膜面積を大きくして処理容量を増やすための工夫である．

膜の材質は歴史的には酢酸セルロース膜において研究が集中的になされたが，この膜は耐熱性，薬剤耐性において十分ではなく，近年ポリスルフォン，ポリアミド，ポリエステルなどの新しい高分子膜が開発され，さらにセラミック膜などの無機膜も開発され，耐熱性・薬剤耐性が大きく向上し，このことにより膜装置の殺菌が容易になり食品産業への膜技術の適用が大きく加速されることとなった[2]．

3.2 水をつくる

地球上に存在する水の 97％は海水で，淡水はわずか 3％に過ぎず，しかもその淡水の内訳の 75％は南極などにおける氷であり，25％は地下水で，われわれの目

表3.1 海水から淡水をつくるエネルギーの比較[4]

熱力学的理論値	0.793kWh/m^3
逆浸透法	3.70
凍結法	7.93
溶媒抽出法	21.93
電気透析法	35.93
多段フラッシュ法	64.20

に見えるかたちとしての淡水は，湖沼に全淡水中のわずか0.3％が，河川に0.03％が存在するのみである[3]．このように淡水としての水はきわめて貴重な存在であるにもかかわらず，われわれは生活のために膨大な量の淡水を必要とし，現在，これは日本人1日1人当たり約300 l で，しかもその必要量は増大する一方である．

膜技術は歴史的には米国における海水の淡水化への強いニーズの中から発生した．海水の淡水化には多段フラッシュ法(蒸発法)，凍結法，逆浸透法などの方法がある．これらの各方法の間での所用エネルギーの比較を表3.1[4]に示す．蒸発法は水を気化して水蒸気とし，凍結法は水を凝固して氷とするための相変化のエネルギーを必要とし，一方，膜法は液体としての水を液体のまま分離するため，エネルギー的観点からは圧倒的に逆浸透法が有利で，単位体積の水を得るためのエネルギー消費量は蒸発法の約17分の1，凍結法の半分以下であることがわかる．

現在，海水の淡水化プラントは中東諸国，米国，旧ソ連などで多く稼働しており，内訳は蒸発法の占める割合が現在は高いものの，逆浸透法の割合も1974年にはわずか8.5％であったものが1987年には25.1％と膜技術の進歩とともに着実に上昇している．また，海水淡水化は比較的淡水資源に恵まれているわが国においても天候不順の折には必要性がしばしば話題になるが，なかでも水資源不足のいちじるしい沖縄県においては1996年度に逆浸透法による海水淡水化プラントが稼働を開始した．

膜技術によりビルや工場廃水を処理し再利用することも可能になりつつある．食品工場における廃水再利用システムの一例を図3.3に，同システムでの水質改善例を表3.2に示す[5]．膜処理により再生水は工業用水のレベルにまで改善されていることがわかる．また近年ビルにおける廃水を膜処理して中水として利用する技術も実用化しつつある．このように膜技術は廃水による環境負荷を軽減し，しかも資源としての水の再回収を可能とすることができる．

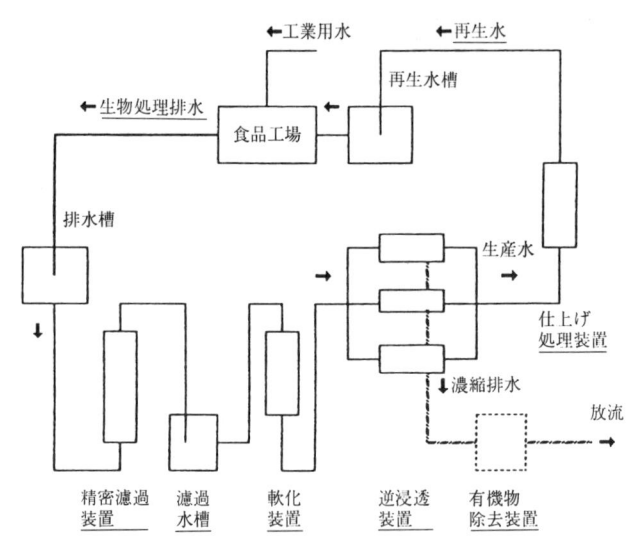

図3.3 食品工場における廃水再利用システム[5]

表3.2 図3.3のシステムでの水質例[5]

項　目	排水	再生水	濃縮排水	工業用水
導電率　(μS/cm)	2,800	230	13,500	320
pH　　　（－）	7.8	8.0	7.9	7.8
濁度　　（度）	20	<0.1	<0.1	0.2
色度　　（度）	15	<1	70	<1
COD_{Mn}　(mg/l)	10	1.0	47	1.0
酸消費量(pH4.8) *	600	100	—	85
Ca　　　　　*	20	<0.2	—	60
Mg　　　　　*	41	<0.2	—	39
Cl　　　(mg/l)	430	15	2,000	25
SiO_2　(mg/l)	10	0.4	48	5

*：(mg-$CaCO_3$/l)

3.3　熱を用いずに濃縮する

　食品の最大成分は水であるが，このことは，食品の輸送や貯蔵は，実質上水の輸送・貯蔵であることが多く，このムダを省くため食品からの脱水・濃縮の必要性が生ずる．濃縮法には蒸発法，膜法，凍結濃縮法の3つの方法があり，それらの間のエネルギーコストの比較は前節の場合と同様で，膜法がエネルギー的に最も有利な方法であることに変わりはない．しかし，前節では溶媒としての水の回

収が目的であったのに対し，ここでは水の除去が必要である点が異なる．

　これら3つの方法を食品に及ぼす品質面から検討した場合，加熱を必要とする蒸発法はしばしばビタミンなどの栄養成分やフレーバー成分の破壊や気散をもたらすことが多く，このための対策として減圧蒸発法が考案され，これは蒸発装置内の圧力を低下させることによって沸点を下げ，加熱による影響を軽減しようとするものであるが，程度が異なるもののやはり加熱が必要であり，また水の蒸発に要するエネルギー消費量についても大差はない．これに対して膜法は常温での操作が可能で食品加工法として成分保全の観点からは理想的である．一方，凍結濃縮法は低温操作であるためフレーバー保持など品質面では最も優れた方法であるとされているが，固体（氷）を取り扱うため操作性が悪くコストの高い操作となっている．

　果汁製造は膜濃縮が実用化されている大きな分野である．果汁の原料としてのリンゴ，ミカン，トマト，ピーチ，パイナップルなどの果実は，年間の限られた時期に生産され，一方，果汁の需要は通年であるため，原料果汁の貯蔵が必要であり，そのためにこれを膜濃縮によって脱水し，全体の容量を数分の1に減らして冷凍貯蔵・輸送され，缶詰，瓶詰めなどの包装時点で加水されて元の組成に復元される．これが濃縮還元果汁であり，広く実用化されている．表3.3に逆浸透法により製造した濃縮還元リンゴジュースの成分分析結果[6]を示す．糖度，色調，ビタミンC組成などに関しては膜濃縮前の状態に完全に復元できていることがわかる．

　牛乳を限外濾過膜で濃縮することによりホエーの排出のないチーズ製造法が報告されている．これは通常の凝乳酵素による牛乳の凝固工程に先だって，あらかじめ牛乳を膜濃縮することにより凝乳工程後のホエー排出工程を不要とする方法

表3.3　RO濃縮品の品質分析結果（混濁ジュース）[6]

項　目	RO供給ジュース	濃縮品	濃縮還元リンゴジュース
糖度 Bx (%)	11.5	27.0	11.5
配分 (%)	0.36	0.75	0.32
色調 L	38.4	36.2	34.0
ビタミンC (mg %)	27.0	47.0	20.0
アスパラギン酸 (mg %)	17.0	63.4	17.0

で，牛乳中のすべてのタンパク質を有効利用できるソフトチーズができることが報告されている．

以上のように膜技術により省エネルギーと品質保持を兼ね備えた食品の濃縮操作が可能であることがわかる．

3.4 熱を用いない無菌化：除菌

食品に対して要求される第一の条件は安全性であり，微生物汚染による腐敗の防止は重要であり，そのための代表的方法は加熱殺菌法である．しかしながら，食品を高温に加熱することはしばしばビタミンなどの栄養成分やフレーバー成分の破壊をもたらすことが多く，そのための対策として，高温短時間殺菌法が考え出された．これは温度の上昇に伴って，微生物の死滅速度と栄養成分などの破壊速度の比が急速に大きくなることを利用して，牛乳などの液状食品を瞬間的な高温処理により，栄養素などの破壊を極力抑制しようとする方法である．

一方，殺菌とは全く異なった発想で同じ効果を得ようとする方法に除菌がある．これは精密濾過膜が微生物菌体の透過を阻止することを利用して，液体食品を膜透過させることにより微生物を完全に取り除いて無菌化しようとするものである．この方法は加熱殺菌と比較してエネルギー面で有利であることのほかに，非加熱操作であるため食品の品質保持の観点からも大きな魅力がある．

膜による除菌法は，缶や瓶詰め生ビール製造の最終段階での発酵に用いた酵母の除去に用いられている．本来生ビールは生きた酵母を含むものであり，そのため品質は良いが貯蔵性がきわめて悪く，製造直後に消費する必要があった．しかしながら，これを無菌化することによって品質と貯蔵性の両立をはかったものである．膜による除菌法はこのほか，生酒やミネラルウォーター製造などにも広く用いられている．このように除菌によって無菌化された食品は一見伝統食品の形態を有しているものの，膜技術以前には存在しえないものであることを考えると，これらを新食品と見なすこともできるものと思われる．

3.5 廃水からの有用資源の回収

膜技術により廃水処理と同時に廃水中から有用物質を回収することも可能で，これは一石二鳥の理想的な廃水処理である．チーズホエーは牛乳からチーズを作る際の凝乳工程からの廃水で有用成分を多く含み，特にホエータンパクは良質の

3. グローバルなアメニティのための食品加工

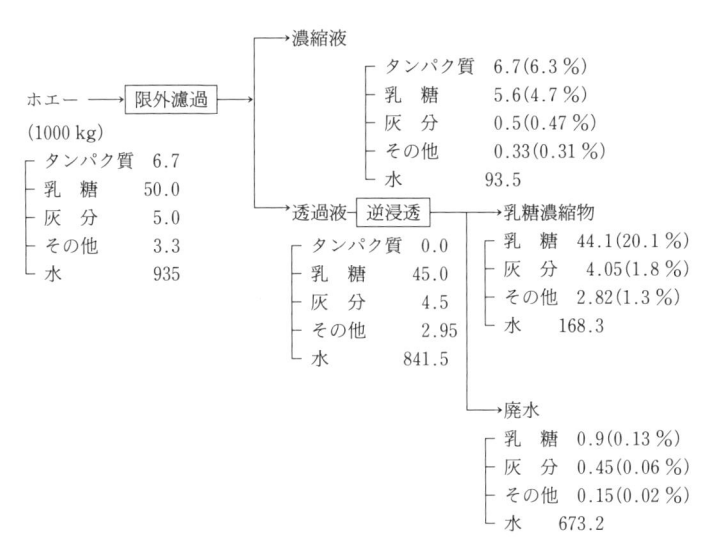

```
ホエー ──→ 限外濾過 ──→ 濃縮液
(1000 kg)              ├ タンパク質 6.7(6.3%)
├ タンパク質   6.7      ├ 乳 糖     5.6(4.7%)
├ 乳 糖      50.0      ├ 灰 分     0.5(0.47%)
├ 灰 分       5.0      ├ その他    0.33(0.31%)
├ その他      3.3      └ 水        93.5
└ 水         935
              ──→ 透過液 ──→ 逆浸透 ──→ 乳糖濃縮物
                 ├ タンパク質 0.0      ├ 乳 糖  44.1(20.1%)
                 ├ 乳 糖    45.0      ├ 灰 分   4.05(1.8%)
                 ├ 灰 分     4.5      ├ その他  2.82(1.3%)
                 ├ その他    2.95     └ 水    168.3
                 └ 水      841.5

                              ──→ 廃水
                                 ├ 乳 糖  0.9(0.13%)
                                 ├ 灰 分  0.45(0.06%)
                                 ├ その他 0.15(0.02%)
                                 └ 水   673.2
```

図 3.4 膜透過法によるホエーの濃縮[1]（単位：kg）

タンパク源として育児用粉乳などに利用されるため，わが国ではホエータンパクはほとんどが回収・再利用されている．

チーズホエー処理には膜技術が適している．チーズホエーを限外濾過，逆浸透の 2 段処理した結果を図 3.4 に示す[1]．前段の限外濾過でホエータンパクのほぼ 100％が，後段の逆浸透で乳糖の 99％以上が回収されていることがわかる．このほか，水産加工廃水を膜処理してタンパクを回収して調味料資源としたり，バレイショデンプン工場廃水や大豆ホエー（豆腐凝固工程からの廃水）からの有用成分回収を兼ねた膜処理が検討されている．

以上，食品加工における膜技術は，食品加工におけるグローバルなアメニティを実現するための省資源，省エネルギーそして環境に対する負荷の小さいソフトテクノロジーとして有用な技術であることがわかる．現在，身の回りにおいて膜技術の応用による食品の実用例は着実に増えつつあり，現代の食品加工を膜技術を抜きにして語ることは不可能であろう． 〔宮脇長人〕

4. 快適な食生活——栄養学からのサポート

　われわれのあらゆる活動が，まず健康から始まることは誰もが等しく認めるところであろう．アメニティも健康からではないだろうか．

　栄養学は，確実に進歩している．特に，近年は栄養学のあらゆる分野が急速に進展している．たとえば，筆者らは1996年「分子栄養学概論」（田中ら，1966）[1]という本を出版したが，これは基礎栄養学の進歩の一側面を紹介したもので，栄養学の一つの分野の進歩を象徴しているといえよう．また，臨床栄養学の一つの成果である中心静脈栄養法の進歩もいちじるしい．消化器癌の手術後などの患者で，口から食物が摂取できなくても，静脈へ栄養素を注入することにより，年単位で生命を維持することができるようになった（Rombeau and Caldwell, 1993）[2]．この成功の基盤には，きわめて純度の高い結晶アミノ酸を十分量製造することができるという，わが国が世界をリードして発展させた技術開発の成果がある．

　さらに，乳児の栄養学の進歩もいちじるしい．人工栄養児の調製粉乳の糖分は，以前はショ糖が用いられていたが，現在は乳糖が用いられている．また，胃に入ってタンパク質が凝固してカードができるが，そのカードが現在の調製粉乳では，以前と比べて，きわめて消化しやすい状態になっている．その他の成分の組成も以前と比べて，飛躍的に母乳に近くなっている（山本，1996）[3]．

　このように，あまり一般的に知られていない領域でも，気をつけていると，大変な努力と研究の積み重ねによって，われわれの食生活や健康管理の概念は改善されているといってよい．逆のいい方をすれば，食生活に配慮することで，われわれの健康状態は大きな影響を受けるといえる．よく，食べたい物を食べていれば健康の維持はできるといった誤った考えを広言するのを聞くことがある．知識人といわれる人でも，そのような考えをもっている人は決して少なくない．だが，それは間違いである．もしそれが事実なら，数十年前，脚気が多くの日本人を苦しめた時代，特に白米を食べられるような経済的に恵まれていた人たちが，なぜ脚気になったのであろうか．明らかに「食べたい物を食べていた人」が栄養素の

欠乏した食生活をし，健康の維持に失敗していたのである．

　欠乏した場合にそれを感覚で察知できる栄養素はきわめて少ない．明らかに察知できるのはエネルギー欠乏くらいであろう．お腹が空けば食べたくなるのは当然であるが，脚気の人が，米屋さんの前を通った時，糠にかじりついたであろうか．もう一つ欠乏を察知できるケースがある．動物実験では，ある必須アミノ酸が欠乏した飼料を与えて，別に種々の必須アミノ酸を別々に溶かした水を与え，アミノ酸を自由に選択できるようにしておく．すると，動物は欠乏した必須アミノ酸の溶けた水を探し当てて，必要量を補うことが明らかにされている．これは，欠乏を察知できるケースといえよう．動物実験で，欠乏食と欠乏した栄養素を補った飼料を自由に選択できるようにして与えると，たしかに補充された方を選ぶ場合がある．また，上記のように欠乏した栄養素を水に溶かして自由に水の種類を選択させ，欠乏したものを補うのに適した水を動物が選ぶかどうかを観察すれば，「欠乏を察知できる」と認定すべき栄養素の範囲が広がる可能性はある．これらの実験が成功するとしても，「食べたいものを食べていれば栄養は大丈夫」という考えの正しさを証明することにはならないであろう．一般的に考えると，食生活に配慮することよって健康を維持するためには，知識が必要であるといえる．

　感覚的な判断で恐縮だが，一般の人に栄養学の知識を普及しようとする努力は，わが国よりもアメリカ合衆国の方が熱心ではないかと思われる．いつかこれが事実であるかを調べてみたいと考えている．

　それでは，食生活に配慮するとどのようなよいことがあるのであろうか．まず，疲れにくい，病気になりにくい，老化しにくい，といった身体の機能維持が順調にいくと考えてよい．したがって医療費が安くすむし，その分で大いに楽しむことができよう．

　それでは，どのように食生活に配慮したらよいのであろうか．この問題を考える上で参考になるように，ここでは現代の栄養学がどのような状況にあるのかを紹介したい．栄養学の領域はきわめて広く，多岐にわたっている．筆者に全体を概観する力はない．基礎栄養学の一部の状況を記すことで，お許しを戴きたい．

4.1　急速に進展する分子栄養学の世界

　現代生物学の幕開けは 1953 年の Watson と Crick による DNA の二重らせん構造の発見といってよかろう．特に，遺伝子のクローニングが可能になった 1970

年代以降の発展はいちじるしい．栄養学も生物科学の一分野である以上，この急速な発展と歩調を一にしている．今日，古くから知られていた多くの栄養学上の現象が明確に分子のレベルで説明できるようになっている．3つの例を挙げる．

a．インスリンの作用機構の解明とその栄養学的意義

糖尿病はわれわれ文明社会の代表的な疾病で，生活が豊かになると急速に増加する病気であるとされている．GNPによく相関するとか，自動車の普及率と患者の数が相関するとかいわれるゆえんである．

インスリンの研究は，常に生物学の最先端のテーマであった．タンパク質の一次構造もインスリンで最初に決められたし，ラジオイムノアッセイもインスリンから始まった．インスリンという細胞外の分子がどのような機構で細胞に影響を与えるのか，細胞の活性を調節するのか，についても近年かなり詳細な機構が明らかにされている．図4.1はその概略である．すなわち，インスリンは細胞膜表面のインスリンレセプター分子と結合し，インスリンレセプターの細胞内領域のチロシン分子のリン酸化を誘導する．次に，このリン酸化されたレセプターの活性によって，インスリンレセプター基質と呼ばれるタンパク質分子を代表とするいくつかのタンパク質分子のリン酸化が引き起こされ，こうしてリン酸化された分子にさらにいくつかの特徴あるタンパク質分子が結合することを介して，細胞内の多くの分子のリン酸化が進み，結果的に，酵素が活性化されたり，抑制されたりして，インスリンに対する細胞の応答が起こる．さらには遺伝子の発現も制御されるという過程である．

以上の成果は，食後の栄養素の同化過程におけるインスリンのはたらきを手に取るように明らかにしてくれた．

日本人の糖尿病の大部分はII型の糖尿病（成人型）といわれるインスリンが効き難くなる型の糖尿病である．上述のように，インスリンの作用機構の解析がかなり詳細な点にまで進んでいるにもかかわらず，現在のところ，まだ糖尿病発症の機構は明確に説明できていない．しかし，現状から考えて，近い将来説明が可能になろう．それは，糖尿病患者に対する栄養学上の配慮に新しい視点をもたらす可能性が大きい．

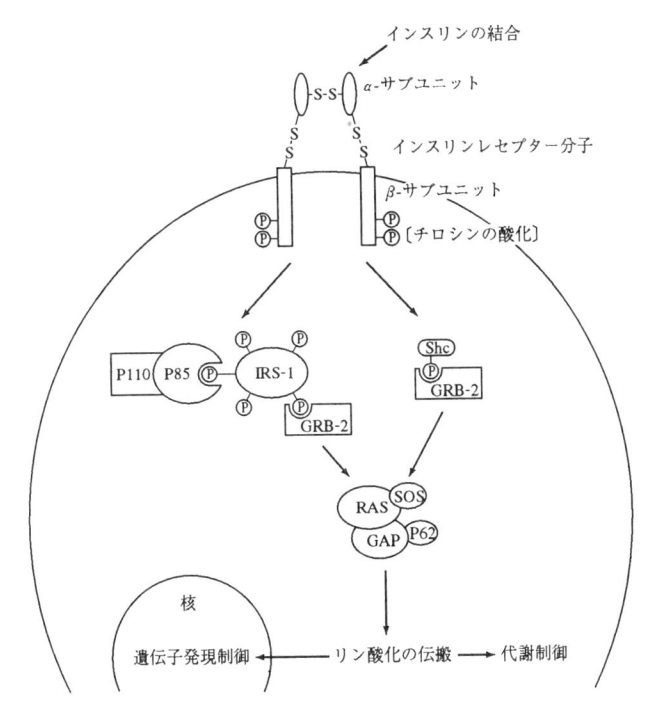

図 4.1 インスリンの作用機構の概略 (Catheatham and Kahn 1995 をもとに作図)

インスリンの作用は，標的細胞のレセプターへの結合に始まる．レセプターは α-サブユニット 2 分子，β-サブユニット 2 分子からなる 4 量体で，インスリンは細胞外にある α-サブユニットに結合する．すると，β-サブユニットの中のいくつかのチロシンがリン酸化される．このリン酸化によって，細胞内のいくつかの分子のリン酸化が誘発される．その一つがインスリンレセプター基質（図中 IRS-1 と記されている）で，この分子がリン酸化されるとそこにいくつかの分子（図中の GRB-2 や p 85 など）が結合することが知られている．それがさらに種々の分子（図中 SOS, RAS, GAP など）の会合やリン酸化を引き起こし，最終的に酵素や転写調節因子などのリン酸化などをもたらし，遺伝子発現調節や物質代謝調節をすると考えられている．

b．肥満遺伝子の発見とその意義

1994 年 12 月の Nature 誌に，肥満遺伝子の発見が報じられた（Zhang, et al., 1994）．この発見は，生理学と遺伝学と分子生物学の研究者が独立して，かつそれぞれが独自の立場から努力した成果と評価されている．その概要は次のとおりである（図 4.2 参照）．

ある遺伝的特性を示すマウス（ob マウスと呼ばれる）は，食欲の抑制がきかな

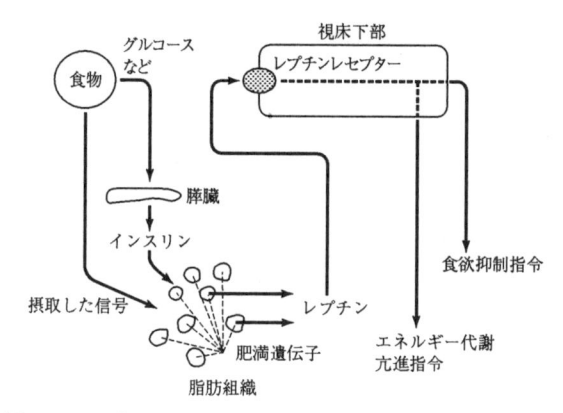

図4.2 肥満遺伝子がつくるレプチンというタンパク質による食欲調節，エネルギー代謝促進の機構

　食物を十分摂取して脂肪細胞に脂肪が蓄積するようになると，脂肪細胞で肥満遺伝子の転写が活性化され，レプチンと呼ばれるホルモンの生産が促進される．このホルモンは脳の視床下部のレプチンレセプターと結合し，食欲の抑制，エネルギー代謝の促進を引き起こす．遺伝的に自然に過食となり，肥満になるある系統のマウスでは，このレプチンが生産できないか，異常なレプチンが生産されるか，たとえレプチンが生産できても，レセプターが異常で，レプチンと結合できないため，食欲を抑制せよ，エネルギー代謝を促進せよ，という指令を出せないことが証明されている．

くて，摂食過剰になり，極度の肥満に陥る．この原因は遺伝学的解析から，一つの遺伝子の変異である可能性が大きいことが明らかにされ，その遺伝子の染色体上の位置も明らかにされていた．一方生理学者は独自に，このobマウスでは，血中に何かホルモン様の物質が欠けていることを明らかにしていた．これらの結果を総合すると，obマウスでは，ある遺伝子の欠陥のために，食欲を抑制するあるホルモンが生産できずに，肥満に陥ると推測される．この仮説を証明するために，生産されるタンパク質の構造は不明であるが，遺伝子を解析することによってその構造を推定しようとする方法であるポジショナルクローニングという方法が使われ，多くの困難を乗り越えて，遺伝的変異を起こすと肥満の原因となるという遺伝子が発見されたのである．その結果明らかにされたタンパク質は167個のアミノ酸からなるもので，これは，驚くことに脂肪組織でのみ作られているタンパク質であった．実際に生体から抽出できないほど少量しかないこのホルモンタンパク質は，早速遺伝子工学の手法で作られて，それが食欲を抑制する活性を有す

ることが証明された．また，同時に熱生産を活発にして，脂肪の蓄積を抑制する作用ももつことが証明された．現在，レプチンと命名されたこのホルモンは，肥満の治療への応用が可能かどうか研究が進められている．さらに，このレプチンは脳の生理活性ペプチドであるニューロペプチドYの分泌制御を通じて，われわれの精神活動にも影響を与える可能性があることを示唆する研究もある (Erickson, et al., 1996)．十分な食物をとると，精神的にも安定し，空腹時にはなんとなく情動が不安定になる，といった現象も，その分子機構が明らかにされる日が近いのかもしれない．まさか，「衣食足りて栄辱を知る」機構がわかるわけではあるまいが．

c．タンパク質栄養におけるインスリン様成長因子-I（IGF-I）の意義

食品のタンパク質には栄養価が高くて幼動物に与えて良く成長させるものと，栄養価が低くていくら食べても成長できないものがあることは，約100年前から知られていた．その後約50年かけて，これは動物に必要なアミノ酸がバランスよく含まれているかどうかによるものであることが明らかにされた．しかし，栄養価の低いタンパク質を食べた時に成長できないのは，何かホルモン応答のような機構があるのかどうかは全く明らかではなかった．われわれは，長いこと，このタンパク質の栄養価に応答するホルモンがあるのではないかとの考えをもっていたが，それがどのホルモンであるのかは不明であった．約10年前にIGF-Iというホルモンに興味をもって，数種の栄養価の異なる食品タンパク質をそれぞれラットに食べさせて血中のこのホルモンの濃度を測定したところ，このホルモンがまさに，求めていた食餌のタンパク質の栄養価をよく反映して血中濃度が調節されるホルモンであることを明らかにすることができた（前述「分子栄養学概論」参照）．

IGF-Iというホルモンは，成長ホルモンがないと分泌されないホルモンでもあり，栄養がよいことと成長ホルモンが順調に分泌されていることが，血液中のIGF-I濃度を良い状態に保つ必要条件である．この関係を図4.3に示した．

その後，このホルモンの血中濃度が栄養素によってどのような機構で調節されているのかに関する研究も進み，それを分子レベルで説明できるようになった．さらに，このホルモンの活性は，少なくとも6種類のそれぞれ異なる性質をもつタンパク質（このタンパク質はIGF結合タンパク質と呼ばれている）がダンスの

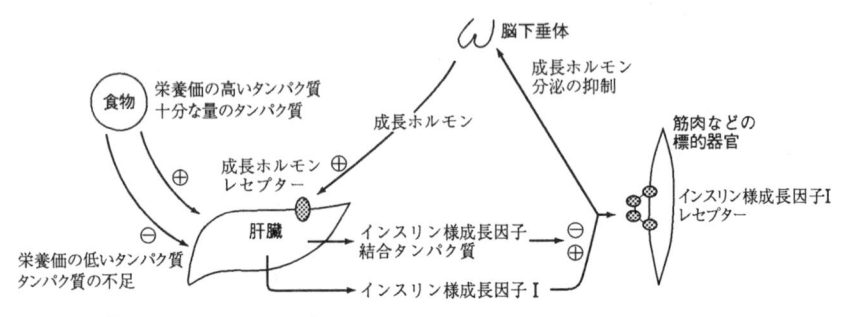

図4.3 タンパク質の栄養価とインスリン様成長因子-Ⅰというホルモンの関係

　子供たちは栄養価の高いタンパク質を十分量食べるとすくすく成長し，栄養価の低いタンパク質を食べたり，タンパク質をとる量が十分でないと，成長に障害が現れる．この成長の違いは，動物実験の結果によると，インスリン様成長因子-Ⅰというホルモンの血液中の濃度によく相関していることをわれわれは証明した．このホルモンの分泌には，成長ホルモンが必要であるが，十分な栄養素が与えられていることもまた重要である．この2つの条件が揃うと，主に肝臓でこのホルモンが合成されて，血液中へ分泌される．このホルモンのレセプターは全身に分布していて，ホルモンが結合するとタンパク質の合成が促進されると考えられている．このホルモンにはその活性を調節するインスリン様成長因子結合タンパク質という分子が少なくとも6種類あることが明らかにされており，それらの合成・分泌も栄養条件によって調節されている．これらのインスリン様成長因子結合タンパク質は，インスリン様成長因子-Ⅰの活性を調節すると考えられている．インスリン様成長因子-Ⅰには，成長ホルモンの分泌を抑制する機能もある．栄養が十分で，インスリン様成長因子-Ⅰが十分分泌され，成長が良いと，成長ホルモンの分泌が制御されて，適度の成長が行われると解釈することができる．

パートナーのようにIGF-Ⅰに結合して調節していること，身体の栄養状態によって，IGF-Ⅰが主にどのパートナー（IGF結合タンパク質）とペアを組んでいるかが決まること，その結果が身体の活動に反映されることも明らかになってきた．もちろん，その詳細な機構が分子レベルでも明らかにされていることはいうまでもない．このように，子供の健やかな成長も，栄養によって，また栄養状態を正確に反映するホルモンを介することによって，巧妙に調節されていることが明らかになった．

4.2　量を保障する栄養学から機能を保障する栄養学へ
——21世紀への課題

　1981年にわれわれは，「量を保障する栄養学から機能を保障する栄養学へ」（内藤と野口，1981)[4]と提唱し，この十数年この提唱に基づいて研究を展開してきた．上に述べたIGF-Ⅰのタンパク質栄養学上の意義の解析もその一例である．多くの研究者の努力によって，今ではIGF-Ⅰの血中濃度を測定することは，栄養状態判

定のよい指標になるとの見解が広く認められるようになっている．

　栄養素欠乏がわれわれの，特に子供達を育てる上での大きな関心事であった時代は，いうなれば成長という「量」を保障することが，よい栄養状態であることのもっとも確実でよい指標であった．そして，この「順調な成長」を指標として判断する望ましい栄養素のバランスと摂取量の基準は，多くの子供達にとって共通であった．すなわち，どの子供も同じ考えで対処して，大きな間違いはなかったといえよう．

　しかし，これを高齢者にあてはめると，突然大きな障害に遭遇する．もし，「量」を保障するとなると，多くの栄養学者が反対する事態が生じよう．たとえ，何年かたって，「量」が少し減少していても，すなわち体重が減少していても，総合的によりよい栄養状態になっていると判断されるケースが多いであろうし，むしろ肥満を是正するよう（「量」を減らすよう）指導を受けている人は決して少なくない．

　それでは，「量」を保障する栄養学に対置されるのは，どのような栄養学であろうか．それは，「機能」を保障する栄養学であろう．われわれの身体機能は膨大である．それらを長期にわたって総合的によい状態に保つことを栄養学は保障していく必要がある．われわれの身体機能の多くは遺伝的な支配を受けている．ある人は糖尿病になりやすい遺伝的資質を受け継いでいたり，ある人は腎臓病，ある人は心臓病と，さまざまであろう．このことは，ある人に望ましい栄養条件は他の人には必ずしも望ましいとはいえないことを意味する．すなわち，「機能」を保障する栄養学は，個人を対象にしなければならないであろう．

　高齢者に望ましい栄養条件を明らかにしていくためには，膨大な研究が必要である．成長期の子供達に望ましい栄養条件を求めてきた栄養学研究とは比較にならない努力が必要である．若い世代に期待するところがきわめて大きいことを記して本稿を結びたい．
〔野口　忠〕

5. 健康のための安全な食——腸内フローラを考える

　原始時代は，食べ物は単に生命維持のために摂取しており，食が安全であるかどうかの確認は経験の積み重ね，つまりあるものを食べて死者が出るかどうかで判断せざるをえなかった．動物は自分にとって危険な食物は認識できる能力があるがヒトにはない．動物には食中毒はなく，自然界に対する識別は本能的にある．人間社会は次第に集落が大きくなり食物を保存する技術や加工技術も進んだが，食物の採取，摂取は小集団の範囲であり，食に関する衛生上の問題は腐敗，伝染病，寄生虫病，自然毒であった．

　近代になり産業革命後都市に人口が集中するようになり，食糧の確保が地域単位ではできず，食料の大規模な移動，保存の必要性が生じるようになってから本格的に食品衛生がスタートする．ここで問題となるのがカビ毒や細菌性の食中毒である．しかし，この問題を解決し，食物の地球規模の移動を可能にしたのは低温保存技術の進歩による冷蔵庫，冷凍庫の普及と添加物による微生物の増殖抑制の二つである．

　近年，微生物問題よりも化学物質，農業などの汚染，抗生物質，ホルモン剤の残留，添加物の問題が大きく取り上げられるようになった．食中毒統計でも食中毒の発生自体は明らかに減少しているが，1994年の集計でも日本でみられる食中毒のうち，細菌性のものが90％を占めて，死者が出るのは自然毒のフグとキノコによるものがほとんどであった．

　しかし，1996年は食品衛生分野のこれまでの認識をくつがえすような事件が続発した．狂牛病，腸管出血性大腸菌 O 157：H 7 (VTEC) による世界に類をみない死者を伴う大流行，さらに原虫であるクリプトスホロジウムの上水道汚染による集団感染とどれをとっても今までの対応では手の打ちようのないものばかりであり，あらためて食品衛生，安全な食を考え直すきっかけとなった．

　一方，食の安全は単に食中毒ばかりでなく，特に先進国では飽食による食事と成人病の問題がむしろ大きな問題となっている．栄養学の面でもそれまでは発育，成長を基準にしたものであったが，逆にいかに太らせないかという栄養学にかわ

り死亡率のトップ3であるガン，脳卒中，心臓病はいずれも食との関係が大きな要因であることが明らかにされてきた．特に食品成分と生体の関係だけでなく，腸内フローラを介しての解決が重要であるとの認識が一般に受け入れられるようになった．

本章では食の安全と腸内フローラのかかわりについて述べる．

5.1 飽食に起因する健康障害

食品を摂取することで生ずる病害には大きく3つのタイプのものがある．1つは食品そのものによって起こるもの，2つに食品と摂取した個人の反応性の問題によって起こるもの，3つに食品そのものではなく，食品に付着したり混入することによって起こるものの3つである．

a．食品そのものによって起こる病害

1）栄養素の不足によるものとして，栄養失調，ビタミン欠乏症が挙げられ，過剰によるものとしては肥満，糖尿病，高血圧といった成人病が挙げられる．

2）食品そのものに毒をもっている自然毒によるものとしては，動物性ではフグ中毒，熱帯に生息する毒魚によるシガテラ中毒，貝類に含まれる麻痺性貝毒や下痢性貝毒による中毒がある．植物性ではキノコ中毒が主となる．このうちフグ中毒とキノコ中毒は死亡率が高い．

3）食品成分の変質によって起こる食中毒がある．食品中のタンパク質が変質する腐敗や，脂肪質が変質する変敗により食品に毒性物質が生成することによる．

b．身体の生理反応により起こる病害

1）免疫の過剰反応によって起こる食事性アレルギーやアトピー性皮膚炎がある．両者のアレルゲンになるものとして，卵白，牛乳，大豆，ソバのほか，サバ，ヒラメなどの魚介類がある．食品アレルギーの特徴の一つは発生時期が2歳までの幼児に集中することである．

2）腸管にラクターゼが欠損しているか不足のために牛乳を飲んだとき下痢を起こす乳糖不耐症のような代謝異常がある．ヨーグルトのように乳酸菌により牛乳中の乳糖を分解してしまったものを摂取しても下痢症状はみられない．

c. 食品が媒介して起こる病害

1) 微生物, 寄生虫が飲食物に付着汚染し飲食物とともに腸内に入って起こる. 細菌性食中毒菌である Salmonella, Campylobacter, 腸管出血性大腸菌や赤痢, コレラなどの経口食染病, 寄生虫病がある.

2) 微生物食品中で代謝することにより産生される毒素を摂取することで起こるもので, ブドウ球菌やボツリヌス菌による毒素型の細菌性食中毒やアフラトキシン, エルゴタミンに代表されるカビ毒によるもので癌, 肝臓や腎臓, 神経系に障害を与える.

3) 化学物質や汚染物質によるものでその種類も多い. カドミウム, 有機水銀, などの重金属. 水俣病やイタイイタイ病がこれにあたる. 重金属は生物濃縮や体内蓄積が問題となる. チェルノブイリ原子力発電所の事故以来, 農産物, 畜産物への汚染が問題となっている. ダイオキシンやトリクロロエチレンなどの有機塩素系化学物の食品や飲水への汚染, 残留農薬も大きな問題である. 食肉を介して起こる化学物質の汚染では, 抗生物質やホルモン剤などの残留があげられる.

5.2 食の流れ

食品は原材料から加工・流通を経て, 食卓から腸内までの流れの中で多くの健

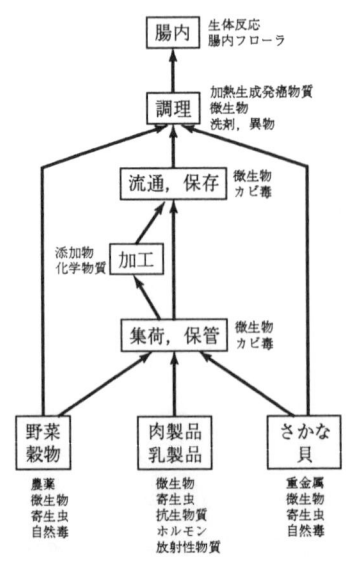

図5.1 食の流れと危害因子

康危害因子が関与する（図5.1）．食中毒の日本での発生状況からみると，食材への細菌汚染により起こる細菌性の食中毒が90％近くを占めている．特に大規模な食中毒の場合，食材の汚染が学校給食や仕出し弁当など大量に食物を調理する過程で広がる．近年，発生件数調査数として多いものに，Salmonella，Campylobacter，病原性大腸菌，腸炎ビブリオ，ブドウ球菌による食中毒が挙げられるが，ブドウ球菌を除いていずれも動物の腸内や魚に保菌されているものである．

一方，日本人の死亡率からみると，癌，心臓病，脳卒中といった成人病によるものが主である．成人病は食生活を中心とした生活様式が深く関与しており，食の質（成分）や量ばかりでなく腸内に入ってからの腸内フローラによる種々の修飾により毒性物質，発癌物質，腐敗産物などが生成される．

5.3 腸内フローラと生体

前節で現在の日本で食の安全を考える場合に動物腸内での食中毒の保菌と成人病が量も重要な点であることを説明したが，これらはいずれも動物ならびにヒトの腸内フローラと深くかかわりをもった問題である．そこで本節では腸内フローラについて述べる．

a．腸内フローラ構成

ヒト，動物の糞便1g当たり100億〜1,000億個の細菌が生息し，腸管全体では100兆個にもなる．糞便中の体積の1/3〜1/2を占める（図5.2）．腸内はきわめて強い嫌気状態にあり（酸化還元電位，−270mv），構成菌の99％以上が偏性嫌気性菌で構成されている．そのため腸内菌を培養するにはロールチューブ法，嫌気性チャンバー法，Plate-in-bottle法などの特殊な方法が必要である．菌の種類は計算方法により異なるが，腸内に100種以上に達する．

ヒト，動物の子宮内，たまごの中は通常無菌状態のため出生直後は腸内に菌は存在しない．動物種に関係なく腸内に酸素が存在するためにはじめに腸内に定着する菌は，大腸菌，腸球菌などの好気性菌，次いで乳酸産生菌が定着する．酸素が消費されたところで嫌気性菌の定着が始まる．離乳期を過ぎたころに本格的に嫌気性菌が定着し，各動物固有の正常常在腸内菌叢（normal flora）を構成する．

同じ菌属（genus）が定着していても動物により菌種（speces）が異なることが

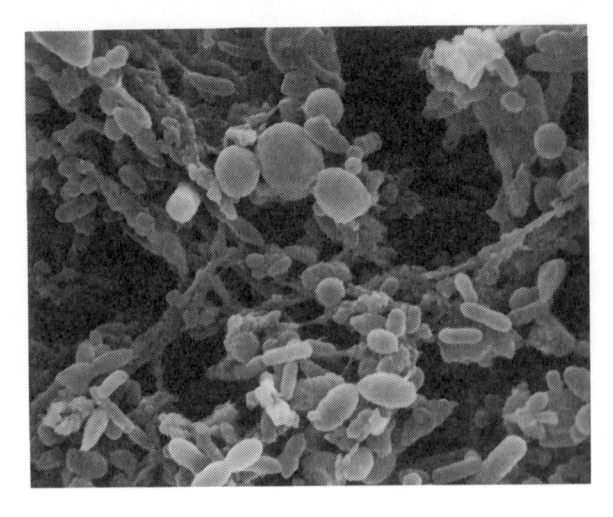

図5.2 ヒト糞便の走査電子顕微鏡像

ある．また，同じ菌種でもヒトから分離される株はマウス腸内に定着できない現象もあり，動物種間の構成菌種の違いは大きい．動物種による腸内フローラの違いは消化管の構造や生理ならびに食性の違いによるところが大きい．

同じ動物でも消化管の部位によってフローラ構成が異なる．乳酸菌（Lactobacillus）が腸内に主要構成菌となっている動物では消化管上部にも高い菌数で定着するが，ヒト，ウサギでは消化管上部では菌数が低い．胃ではpHが低く，小腸では物の移動時間が速く残存酵素も多いため嫌気性菌は十分に発育できず，通性嫌気性菌が主となる．小腸下部から大腸で嫌気性菌が優勢菌となる．

b．腸内フローラの変動要因

腸内フローラは健康な成熟動物ではきわめて安定しているが，宿主の生理（特に腸管生理），食物，薬物，各種ストレス，外来微生物などにより変動する．

最も大きな変動要因は腸管生理状態の変化による．腸内運動が主な要因と考えられ，運動力が減退することで腸内には嫌気性菌や腐敗菌といわれるClostridiumなどが増加する．その他，胃酸，胆汁酸，各種消化酵素の分泌，腸内水分量が関係する．食物は宿主の栄養となるばかりでなく腸内フローラにとっても栄養源となり，摂取される栄養の種類によりそれを利用しやすい菌が発育する．ヒトの場合繊維分が多く，脂肪，タンパク質の少ない食物ではBifidobacteriumが増加してClostridiumが減少する傾向がある．近年多く用いられるようになった

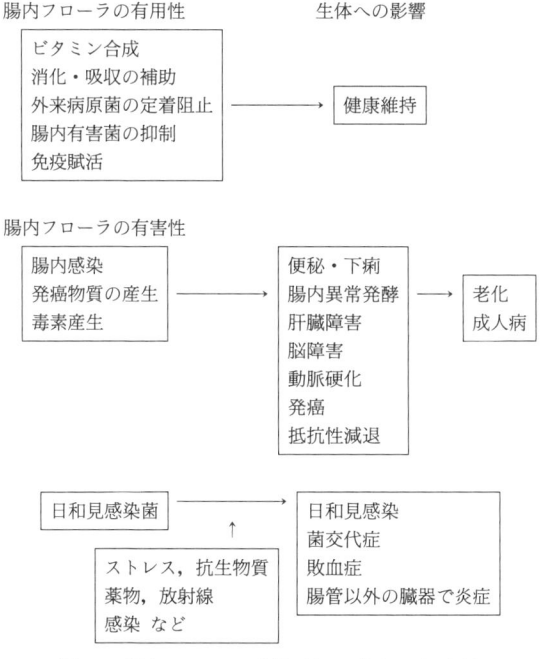

図5.3 腸内フローラと生体（光岡原図を一部改変）

腸内フローラの有用性
- ビタミン合成
- 消化・吸収の補助
- 外来病原菌の定着阻止
- 腸内有害菌の抑制
- 免疫賦活

→ **生体への影響**：健康維持

腸内フローラの有害性
- 腸内感染
- 発癌物質の産生
- 毒素産生

→ 便秘・下痢／腸内異常発酵／肝臓障害／脳障害／動脈硬化／発癌／抵抗性減退 → 老化、成人病

日和見感染菌 → 日和見感染／菌交代症／敗血症／腸管以外の臓器で炎症
↑ ストレス，抗生物質，薬物，放射線，感染 など

Probiotics（生菌製剤），Prebiotics（腸内有用菌活性因子）のような機能性食品の摂取も腸内フローラの変動要因となる．オリゴ糖は宿主に利用されることなくBifidobacteriumに特異的に利用されることによりBifidobacteriumを選択的に腸内で増殖させることができる．食物やProbiotics，Prebioticsの場合，一度形成された腸内フローラ構成ならびに構成菌種を健康状態を悪化させずに大きく変えることはむずかしく，これらは腸内フローラの代謝に大きな影響を与えている．

薬物では抗生物質が最も顕著な例で，多量の使用は腸内フローラの基本的なバランスを著しく攪乱し，normal floraの機能の一つである外来病原菌の排除能や腸内に生息する日和見感染菌抑制力を減退させる．緑膿菌による敗血症や*Clostridium difficile*による偽膜性腸炎は，抗生物質投与後に起こる菌交代症により発病する．その他の薬物では，胃腸内の各種分泌物や腸管運動に作用するものは腸内フローラ構成に影響を与える．

各種ストレスも腸内フローラ変動要因である．ニワトリやラットを高温や過密状態で飼育すると，大腸菌，腸球菌などの好気性菌や腐敗菌であるClostridiumが

増加して乳酸菌が減少する．ヒトでは恐怖状態，自殺直前，宇宙飛行の時に *Bacteroides unifoumis*, *B. thetaiotaomicrom* が増加すると報告されている．ストレスの作用機序として腸管の運動を主とした腸管生理への影響が挙げられる．

　癌，悪性貧血，肝障害，糖尿病，放射線治療，免疫不全，感染症などの全身性の消耗性疾患では生体バランスのみだれに伴い腸内フローラも変動する．

　各種腸内フローラ変動要因により腸内フローラが変化して宿主に有害に作用する場合，共通している点は，小腸部での総菌数，特に好気性菌の増加，大腸部での好気性菌や腐敗菌，病原菌の増加がみられる．

c．腸内フローラの宿主への影響

　腸内フローラは保有する酵素の種類，量ともに肝臓よりも多く，生体との深い関係から臓器の一つと考えられている．しかし腸内フローラは生体内の外的環境であり，生体にとって有益にも有害にもはたらく．総合的に考えて腸内フローラは宿主にとって短期的には有益にはたらくこともあるが長期的には有害作用が強いと考えられる．

　有益な点としてビタミンやタンパク質の合成，食物繊維の消化など栄養面でのはたらきがある．家畜では飼料中の繊維を分解してエネルギー源に変えるのに腸内フローラは欠かせない．外来病原菌の排除能，日和見感染菌の抑制，免疫能の賦活作用など生体防御能は健康維持に欠かせない．

　有害な点として，腸内腐敗産物，細菌性毒素，発癌物質などの生成がある．これらは直接腸管に障害を与えたり，長期的には腸管より吸収されて各臓器に障害を与え，ヒトでは成人病の原因となる．また家畜，家禽では腸内腐敗の問題は畜産公害や肉質の低下，飼料効率の低下に関係している．もう一つ有害な点として挙げられるのが，老化，抗生物質投与，ストレス，放射線照射など宿主の抵抗性が著しく低下したときに，腸内フローラの基本的バランスがくずれて，正常時に腸内で低い菌数に抑制されている菌が異常増殖して日和見感染を起こすことがある．家畜，家禽でも輸送，悪い環境での飼育により特定の菌が腸内で異常増殖して突然死亡したり，日和見感染を起こし，食肉への菌の移行による公衆衛生上の問題が起こる．

5.4 家畜, 家禽の腸内フローラと安全な食

　家畜, 家禽の生産で最も重要な点の一つに, いかにしてヒトの食中毒の原因となる細菌を腸内に保菌させないかという問題がある. 国内の食中毒の原因菌で患者数, 発生件数の多い Salmonella はニワトリに, Camylobacter はニワトリ, ウシに, ベロ毒素産生大腸菌はウシに, *Clostridium perfringens* はウシ, ニワトリ, ブタの腸内に定着していて, 解体作業中に腸内容物が付着して食事に持ち込まれる. 米国においても家畜, 家禽のための衛生対策から公衆衛生のための家畜, 家禽衛生へと基本的な方針を変更している.

　以前は大量の抗生物質を使用して抑制したが, 肉や卵への残留の問題, 耐性菌の出現など現在ではその使用がきびしく制限されている. それに替わるものとして腸内フローラのもつ外来菌の排除能を有効利用する試みがなされている. その一つとして Probiotics や Prebiotics による腸内フローラのコントロールの試みが行われているが, 効果について十分な成績は今のところ得られていない. また, 有効であるとの報告もあるが, そのメカニズムについては明らかにされていない. ニワトリでは Salmonell 対策として孵化後直ちに成鶏の盲腸内容物をヒナに投与し, 腸内フローラを早期に形成させて, その拮抗作用により Salmonella を排除したとの報告があるが, 成績は一定しない. 実験動物ではすでに SPF 動物の作出時に人工合成フローラが感染防御のために用いられている. SPF 動物の作出は無菌動物に生理的に正常化でき感染抵抗性を有する人工合成腸内フローラを投与してバリヤーシステムに搬入することで行う. この場合, 腸内フローラ全体をコントロールしている菌種を明らかにすることが必要だが, 現在までにマウス, ラットでは Clostridium (fisiform-shaped-bacteria) がキーとなる菌種で Lactobachillus がこれをサポートする組み合わせであることが報告されているだけで, ヒトや家畜, 家禽では明らかにされていない.

　家畜, 家禽の腸内への食中毒菌の侵入は normal flora が形成される以前の腸内フローラが不安定な時期に起こると考えられる. 今後の対策として, 飼育環境の改善はもちろんのこと, 人工合成フローラを作出して幼菌期に投与し, 腸内フローラを形成させ, 以後 Probiotics や Prebiotics を用いてコントロールする方法の研究が重要になると考えられる.

　感染対策とは別に, 家畜, 家禽の腸内腐敗の問題は今後の重要な課題の一つで

ある．肉質の向上や環境汚染対策として Probiotics, Prebiotics, Biogenics（生理活性物質；例カテキン）が有効であるとの報告が多数ある．メカニズムとしては腐敗菌の抑制と腸内フローラの代謝の抑制の面から研究されているが，基本的には後者の可能性が高い．今後これらの有効利用のための研究が必要である．

5.5 ヒトの腸内フローラと安全な食

a．発癌と腸内フローラ

食事と発癌の関係に腸内フローラは重要な役割を演じている．特に大腸癌は90％以上は食物が原因と考えられている．疫学調査から脂肪摂取量の増加と大腸癌の発生は正の相関関係があり，食物繊維の摂取量とは負の相関がある．日本では大腸癌の発生は欧米に比べて少なかったが，食生活の欧米化に伴い大腸癌の発生率は急増している．ハワイに在住している日系一世では米国白人と日本人の中間の大腸癌の発生率となり，二世，三世では白人と変わりないまでになる．その原因として動物性脂肪を多く摂ることにより胆汁酸の分泌を促進して腸内の胆汁酸量を増加させる．腸内フローラは肝臓から分泌される一次胆汁酸を脱抱合し，さらに発症のプロモーターである二次胆汁酸を生成することによると考えられている．最近，腸内フローラは食品中の脂質からシアシルグルセロール（DAG）やその他のプロラインキナーゼC（PKC）活性物質を作り，大腸上皮細胞の増殖や老化を促進すると報告されている．また，高脂肪食を摂取すると消化管内の高級脂肪酸濃度が上昇し，これがPKCを活性化することも報告されている．

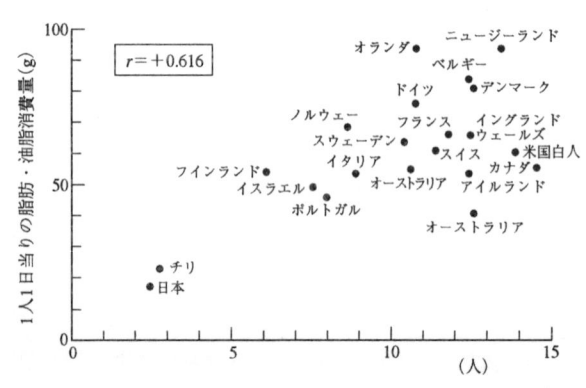

図5.4 脂肪摂取量と大腸癌による死亡率（人口10万人当たり）(Wynder, 1976)

乳癌も腸内フローラとの関係が指摘されている．女性ホルモンは抱合型で胆汁中に排泄され，腸内菌がこれを脱抱合し，女性ホルモンは再吸収される．血中の女性ホルモン濃度上昇は乳癌の増殖を促進する．また腸内フローラは胆汁中に排泄される副腎由来のステロイドから女性ホルモンを作ったり，コレステロールから癌源物質をつくる作用がある．

　タンパク質の腸内菌の代謝により生じるトリプトファン代謝物，フェノール，アミン，ニトロソ化合物は発癌促進にはたらく．N-ニトロソ化合物は強力な癌源物質である．飲水や野菜に多く含まれる硝酸イオンが胃や腸内の細菌の作用で亜硝酸イオンに変化し，食物中の二級または三級アミンと胃酸の存在下で反応して生成される．これはビタミンEやCで生成阻害される．また，これとは逆に腸内菌の中にはN-ニトロソ化合物を分解するはたらきもある．

　腸内菌の産生するβ-グルクロニデースやβ-グルコシデースが食品や化学物質のグルクロン酸抱合体や配糖体を分解し発癌物質を生成する．ソテツの実に含まれるサイカシンは通常マウスに経口投与すると発癌性を示すが，腹腔内投与や無菌動物への経口投与では発癌性を示さない．アゾ色素は腸内菌の産生するアゾリダクターゼにより発癌性を示す．

　しかし，腸内菌には発癌物質のニトロソアミンやベンツピレン分解したり，発癌物質を吸着して排泄する作用がある．また，腸内菌や食物繊維，Probiotics，Prebioticsは腸内pHや腸管運動などの腸内環境を変えることで発癌物質，腐敗産物，発癌促進酵素の産生を抑制して，発癌を抑えることができる．腸内フローラや食事をコントロールして発癌を予防することも可能である．

b．老化と腸内フローラ

　食事として摂取されたタンパク質は腸内菌により代謝され，腐敗産物と呼ばれるアンモニア，アミン，硫化水素，フェノール，インドール，スカトール，ステロイド化合物などの生体に有害な物質が大量に腸内で産生される．大部分は排泄されるが一部は腸管から吸収されて全身に循環して各種臓器に有害な作用をする．吸収された腐敗産物は通常肝臓で解毒されるが，量が多くなれば肝臓の負担が増えることになる．便秘による肌荒れもその一つの例である．肝性昏睡は腸内で産生されたアンモニアが吸収された後，肝臓機能低下により解毒が不全の時にアンモニアの血中濃度が上昇して脳に障害を与えて昏睡状態におちいるものであ

る．治療法として Probiotics, Prebiotics, 抗生物質投与により腸内腐敗を抑制することが行われている．

ヒトでは腸内腐敗は長期にわたり宿主に有害に作用して，成人病や老人の促進につながる．年齢が進むにつれて腸管平滑筋による排泄運動が衰え，腸内では *Clostridium perfringens* をはじめとした腐敗菌が増える．それに伴い腐敗産物も増加して，生体への有害作用が促進される．

腸内腐敗を抑制する方法として，食事内容，特に食物繊維の摂取は腸管運動を刺激すること，産生された腐敗産物を吸着してすみやかに排泄することで腸内環境を整えることが明らかにされている．また，Probiotics, Prebiotics は腸内フローラの代謝を抑制して産生量を減少させる作用があることが明らかにされている．

c．病原菌の定着と腸内フローラ

1996年に起きた腸管出血性大腸菌症（O 157：H 7）による食中毒の発生で同じ食事をしたにもかかわらず発病したヒトと発病しなかったヒトがいた．特に感受性が強かったのが小児と老人であった．これらは腸内フローラのもつ外来菌排除能の違いと考えられ，腸内フローラの変化しやすい子供や老人が感染したと考えられる．発症しなくても侵入した病原菌の腸内増殖を抑制して保菌者となったケースも多い．

食事といっしょに経口的に侵入してくる病原菌に対しては，腸内フローラを正常化して，腸内フローラの変動要因（p. 56）を少なくすることで十分に排除できると考える．

5.6 今後の問題

食の安全を取り巻く環境は大きく変化している．食中毒事件も食の産業化にともない大型化している．また，食材そのものは国際的規模で流通しており，日本人の摂取する食料の70％は輸入に頼っているのが現状である．また，バイオ技術を用いた食品も出回るようになり，その安全性も今後の問題である．いかに安全な食を入手するかは国際的な規模での統一性が求められる．さらに食が腸内に達した後の腸内菌叢を介した安全性についても高齢化社会に向かうわが国では重要な問題になると考えられ，今後の研究が必要である． 〔伊藤喜久治〕

II. 住生活編

6. 地球環境保全と木造住宅

6.1 エネルギー消費と木材資源

われわれが生活する住いは生存のための基本的なものであり,そのために資源を量,種類とも多く消費してきた.そしてより快適な居住環境を得るためにエネルギーを使用し,そして廃棄物を生じてきた.それが度を過ぎるようになってきたと認識されるようになってきたきっかけが気象変動などの地球環境問題や地域環境の汚染などの問題の発生であった.前者はエネルギー消費による大気中の二酸化炭素の増加が関与しているが,日本の各分野のエネルギー消費から算出した年間 CO_2(炭素換算C)放出量は図 6.1 のようになっている[1].そのうち建設分野は資材生産で約 13％(建築のみでは 7％)で,施工,冷暖房など建設にかかわる放出量を合わせると国全体の 45％に達すると試算されている.住宅に関与する代表的な資材は木材,鋼材,コンクリートである.

さて木材は再生可能な資源,あるいは持続的供給の可能な資源といわれるが,

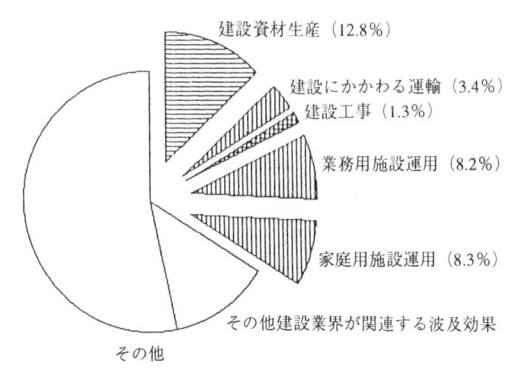

図 6.1 日本の炭素排出量に占める建設分野の割合
日本の昭和60年度炭素排出量
(287,256 kt)

その意味を環境調和という視点から説明しておく必要があろう．樹木は，大気中からCO_2を吸収し，太陽エネルギーの力で樹幹内に主成分のセルロース，リグニンなどの炭素化合物として固定したものである．したがって，伐採された後も固定されたままで木造住宅や家具のような形で都市に移動してストックされている．木材や木質材料は樹木のように肥大生長することはないが，保管している状態すなわち炭素ストック状態にある．一方，伐採された地に「伐ったら植える」という森林管理の基本，つまり正しい林業が行われていれば，新たな樹木としてCO_2の固定が再開されることになる．木材や木質材料は最終的に焼却または腐朽などで大気中にCO_2として戻ることになるが，伐採から焼却までの時間が長ければ（すなわち耐用年数が長い，あるいは解体材をCの保存された状態で再資源として利用される），森林の樹木に成長する時間を与えることになり，木材を焼却する量が成長量を上回らないならば大気中のCO_2は木材の利用によって減少の方向に向かうことになる．木材資源が真の再生可能資源で，環境保全に対してきわめてエコロジカルな資源であるといわれるゆえんはここにある．

世界全体の年間伐採量は全蓄積量の0.8％程度で，蓄積の年間増加量が3％程度であるので，この数字だけみるならば伐り過ぎではなく，蓄積は増えている．しかしながら伐り出しがきわめて困難な地域を含んでのことで，発展途上国は減少がいちじるしい．発展途上国の全消費量の80％が生活エネルギーの薪炭用材として使われており，人口の増加に伴う地域的な極度の枯渇が今後も続くと指摘されている．熱帯林の減少面積と植林面積の比率は10対1ともいわれ，森林面積の確保と人工造林の果たす役割がますます重要視されねばならない状況である．一方，わが国やヨーロッパなどの先進諸国の森林は増加傾向にある．この数字だけ見るならば伐り過ぎではなく，蓄積は増えている．しかしながら伐り出しがきわめて困難な地域を含んでのことであり，楽観には値せず，伐り出し可能な森林における成長量と伐採量のバランスが重要になる．表6.1は生産林（商業伐採が可能な閉鎖林）の蓄積量，成長量と伐採量を示したものである．ヨーロッパで成長量と伐採量とも高く，更新によって活力を維持して蓄積が増加していることが認められる．カナダやソ連では寒帯での成長の遅さに加え，純生長量が期待できないような高齢の天然林が多いことで成長率が低くなっている．しかも伐採が容易な地域にかたよることによって過伐採の危惧もある．

木材は再生可能な資源あるいは持続的供給の可能な資源といわれる．しかしな

6. 地球環境保全と木造住宅　65

表6.1　生産林の蓄積量，成長量と伐採量

地域	面積	蓄積量	ha当たり蓄積量	ha当たり成長量	ha当たり出材量	森林蓄積に対する成長率	森林蓄積に対する出材率
	(100万ha)	(10億m²)	(m²)	(m²)	(m²)	(%)	(%)
欧州	133.3	16.0	120	3.7	2.8	3.1	2.3
ソ連	534.5	67.0	125	1.4	0.7	1.1	0.6
カナダ	214.8	23.0	107	1.7	0.8	1.6	0.7
アメリカ	195.3	23.4	120	3.6	2.1	3.0	1.7
日本	24.0	2.7	113	3.8	1.3	3.4	1.2

(出所：FAO/ECE, The Forest Resources of The ECE Region, 1985)

がら，そのためには適正な運用がきわめて重要であり，過去の都市の盛衰と森林消滅の歴史から教訓とするところは多い．しかも現代は国境や地域を越えた問題となっているがゆえに課題は深刻である．特に森林の伐採を伴う以上，以下のような視点が重要で，その利用には常にバランスが必要とされる．すなわち，森林の多面的な機能は ① 木材の生産, ② 水土の保全, ③ 動植物の保護, ④ 風致景観の保全, ⑤ 地球温暖化の防止, ⑥ 大気汚染の防止であり，特に天然林や熱帯多雨林の場合には慎重な配慮が必要である．したがってわれわれが生活資源として使用するための木材を環境調和という視点からするならば人工造林木が主たる対象になる．人工造林木の伐採，利用，更新と天然林や熱帯林にかかわる砂漠化や野生動植物の種の保存や地元民の生活の場の確保といった森林保護の問題とは区分しておく必要がある．人類が生存するためには環境保護と資源生産は共存，共生しなければならない．そのとき持続可能な木材資源の利用を単純に伐採＝破壊という行為に矮小化することは人類の直面している資源枯渇とみずから起こしている地球環境問題を避けていることに等しい．

　図6.2に示すように木材資源の位置づけには，森林まで含んだ大きな循環と，その内側にあるもう一つの循環があるが，都市の果たすべき環境保全と資源利用の問題はきわめて大きい．別のいい方をすれば，化石資源に，そしてそのエネルギーに頼って形成してきた今までの都市生活や豊かさの追求を見つめ直し，21世紀に向けて持続可能な生物資源，特に木質資源にどれだけわれわれがシフトするかが問われている．

　図6.3に示すように日本の各分野のエネルギー消費から算出した年間CO_2（炭素換算C）放出量は全世界の約5％に相当する3億トンを超え[2]，わが国の森林によるCO_2固定量の5,400万トンを大きく上回っている．重要な第一点は国土の

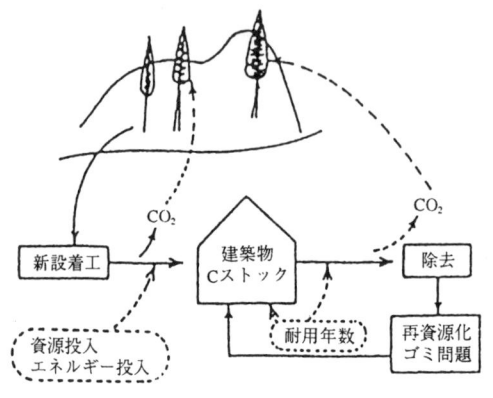

図6.2 建築物における資源利用と環境負荷

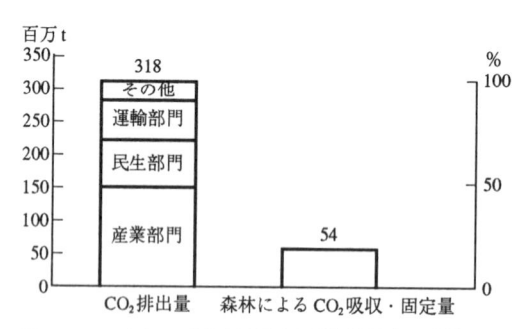

図6.3 わが国の二酸化炭素排出量(炭素換算)と森林による吸収・固定量

産業部門（農林水産業，鉱業，建設業，製造業）
民生部門（家庭用，業務用）
運輸部門（自動車，鉄道，国内船舶，国内航空）
その他(エネルギー転換部門等)（電気事業者，熱供給事業者，都市ガス製造，コークス製造業，石油精製等）

2/3 を占める森林の固定をもってしても追いつかないエネルギー消費をいかに減らすかであり，第二点は森林における固定量は適切な伐採更新することでこの量を維持できることである．

日本は国土の2/3に当たる2,500万haが森林に覆われている森林国（1人当たりの森林面積は小さい）で，スギを中心とした人工造林木の日本の森林における木材蓄積量(成長量から伐採量を減じたnetの量)の増加の大半は人工造林面積1,000万haでのスギ，ヒノキ，カラマツなどの成長によっている．ちなみにわが国の年間成長量は全蓄積量の約3.4％で，伐採量は約1.2％で，森林面積の大きな変化がないにもかかわらず，図6.4のように蓄積は大きく増してきている．こ

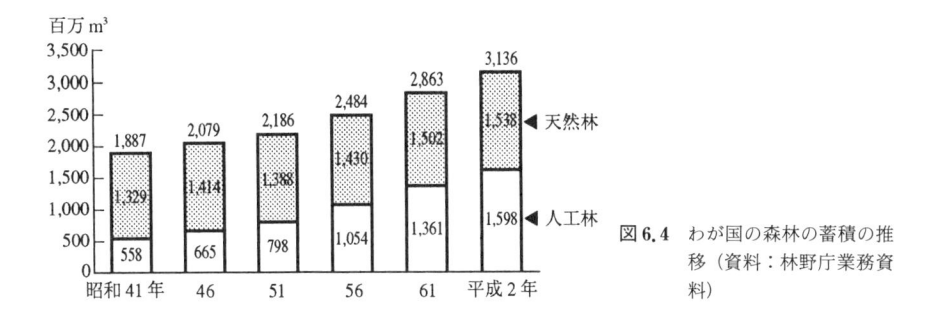

図6.4 わが国の森林の蓄積の推移（資料：林野庁業務資料）

れは森林が耕地や牧場あるいは砂漠に入れ替わる競争関係にあって森林面積の減少が容易に生じる国々と決定的に異なるところである．言葉を換えればわが国の森林が急峻地に多く管理，搬出の困難さを有していると同時に国土の保全上の努力がなされてきたということにもなる．このように木材資源という，人間がつくり管理できる資源があるにもかかわらず，1億m^3を超える木材使用量の75％強を外国産材に頼っているという現実は地球環境保全に対する姿勢が国内外から問われている．それは輸入製品との価格格差や効率という経済活動の結果とはいえ，林業労働者の高齢化，人手不足による伐採，運搬など経営的な課題にとどまらず，造林木の枝打ち，除草，間伐ができないことによって，国内森林そのものの活力の衰退が危惧されている．すなわち，国産材が外材に比べ単に価格が高い，量がまとまるという市場原理だけでなく，林業地域の活性化や地球規模の生態系保護や温暖化防止といった環境保全な視点に立った利用協力，展開が必要と思われる．

6.2 住宅生産におけるエネルギー負荷と炭素ストック

わが国の住宅の構造別に生産に要するエネルギー消費を，環境負荷に関係する指標である床面積当たりのCO_2放出量（炭素換算）で表示すると図6.5である[3]．木造住宅で約80 kg/m^2，鉄筋コンクリート造や鉄骨造などの1/2から2/3である．各材料との比較をしてみると表6.2に示すように木材の製造エネルギーはきわめて少なく，いかに太陽エネルギーを有効に使っているか理解できる．木造住宅の軸組軀体を形成している資材としての木材の占めるCO_2放出量はきわめて小さく，木造住宅に用いられる全資材からの放出量の6％程度であることが認められる．表現を換えれば，木造住宅といってもその主要軸組軀体よりも他資材によるCO_2発生量がきわめて大きい．なお，木材の形で，貯蔵している炭素量は木

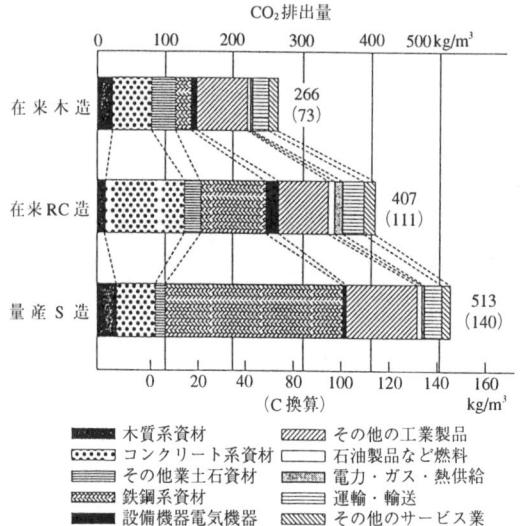

図6.5 住宅建設時に排出される炭酸ガス重量（構法別）
（資料：建設省総プロ「省資源省エネルギー型国土開発技術」より）

表6.2 各種材料製造における消費エネルギーと炭素放出量

材料		天然乾燥製材（比重：0.50）	人工乾燥製材（比重：0.50）	合板（比重：0.55）	パーティクルボード（比重：0.65）	鋼材	アルミニウム	コンクリート	紙
製造時炭素放出量	kg/ton	30 (32)	56 (201)	218 (283)	308 (345)	700	8,700	50	
	kg/m³	15 (16)	28 (100)	120 (156)	200 (224)	5,320	22,000	120	360
製品中の炭素貯蔵量 kg/m³		250*¹	250*¹	248*²	260*³	0	0	0	
±炭素量 kg/m³		−235 −234	−222 −150	−128 −92	−60 −36	5,320	22,000	120	

（　）内は廃材燃焼による熱のエネルギーの利用を考慮した場合．
廃材からの調達エネルギーを天乾材20MJ，また合板は人乾材の1/2，パーティクルボードは1/3とした．
*¹, *², *³：炭素含有率をそれぞれ50, 45, 40%とした．
±炭素量：製造時に放出された炭素量−製品中に蓄えられた炭素量（木材が生育時に大気中から吸収して固定した炭素量）
（Buchannan, A.：1990ITEC）

拾いによると木造住宅では柱や梁など木材の形での炭素ストック量は約50 kg/m²（床面積当たり木材使用量0.2 m³/m²で，木材比重0.5としCはその1/2）であることが認められている．解体焼却したときに放出するCO₂放出量（炭素換算）がその約50 kg/m²になるので，それを加えても，他構造と同等もしくは以下で

ある.

6.3 炭素資源の循環を支配する耐用年数とカスケード利用

　木材や木質材料は建築物に使用されている間，炭素Cをストックしている状態にある．また解体後の廃木材は木質ボードや紙の原料のチップとしてカスケード（段階）型に再利用されれば形を変えて再びCがストックされる．日本において住宅として都市にストックされている木材は炭素換算でおよそ1億5,000万トンである[4]．これらが年々解体された時にゴミか，資源かが問われている．残念ながら国際的な環境保全における日本の木材利用のあり方をみたとき，わが国の使い捨てに近い住宅ストックの短さとリサイクルといわれるカスケード型利用の貧弱さは木材利用の環境保全上の優位さをいちじるしく損なっている．

　わが国の戦後の住宅生産はスクラップ・アンド・ビルドを繰り返しながら図6.6のようにストックしてきた[5]．この図で見るようにかつては住宅というと木造住宅であったが，都市化とともに非木造の比率が増加している．そして木造住宅の総戸数はほぼ横這いになってきている．それは視点をかえると都市に木造住宅でストックされる炭素Cが停止し，建設に多くのエネルギーを必要とする住宅が増えるという環境負荷の加速を意味する．すなわち，木造住宅を森林や樹木の炭素Cストックにたとえるならば，都市は砂漠化が進んでいるともいえる．

　わが国の総住宅数が総世帯数を上回って久しく，除却は増加によって，それだけ解体材の処理，利用が大きな問題となっている．最近の調査による図6.7で示されるように除却までの年数は木造住宅は平均で約25年で（50年以上も多いので平均すると38年程度となるが，50年以上のものを除いて分布をみると，25年

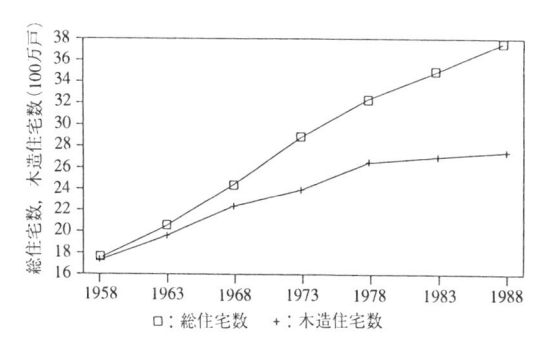

図6.6　わが国の総住宅数の経年変化

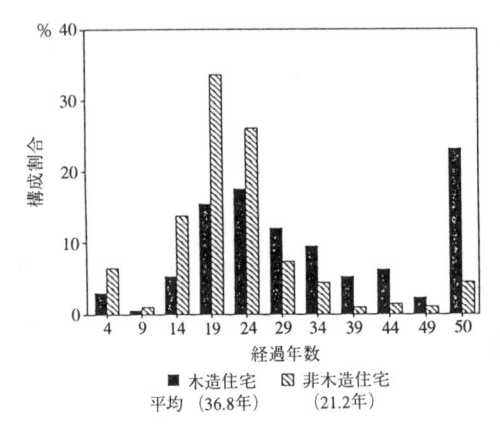

図 6.7 除去住宅の経過年数の分布
（住宅金融公庫建設サービス部「BETTER Living 102」1989）

■ 木造住宅 平均（36.8年）　▨ 非木造住宅（21.2年）

くらいになる），他構造の住宅が約20年になっている[6]．このようなスクラップ・アンド・ビルドから脱却し，総住宅数を維持しながら，資源・エネルギーの投入を減らし，廃棄処理の負担を軽減する手段は耐用年数の増加である．耐用年数を35年にすることで総住宅数を維持しながら新設着工戸数を現在の70％程度に，解体処理の負担も徐々に軽減できる試算もある[5]．

　永続的な資源確保への努力と適正な利用への姿勢こそ必要であり，伐採から焼却までの時間が長ければ森林の樹木に十分に成長する時間を与えることになる．木材が他の材料と異なり再資源化，再生利用への道がともあれ用意され，最終的に埋め立てするときも焼却によってほとんど無害な灰分の量に縮小される．しかも排出されるガスは CO_2 が主であり，SO_x や NO_x といった酸性雨などに関係するものはほとんどないことは，廃棄物の生態系への影響が少ないことを意味する．しかしながら，このように基本的に生態系のサイクルにあり，将来にわたっても生活資源としての共存できる可能性をもつ木材ですら，旺盛な人間活動の前でその廃棄物が大きな支障となっている．このことは地球環境問題は技術にかかわる対処，材料に具備すべき特性だけではなく，機能しうる社会，経済，教育の構築といった視点が必要である．解体材を再資源として活用するカスケード型の利用の意義・効用については8.3節で述べたい．

〔有馬孝禮〕

7. 住まいと湿気

　湿気をコントロールして湿度を一定範囲に保つことを調湿という．本章では，住まいにおける湿気を取り上げる．

7.1　調湿の必要性

　人間の体温は，食物と酸素の摂取によって産出された熱がたえず放熱されることによって一定に保たれる．放熱の内訳は約70〜75％が輻射，伝導，対流に，残りの約20〜25％が，発汗を主とした水分蒸発に依っている．この比率が一定の範囲内にあることが望ましい．ところが高温高湿や低温低湿になると，水分蒸発量がいちじるしく変わるので，体温調節機能に影響が表れる．発汗は体温調節にとどまらず，種々の代謝にも関与し，生理機能に大きな役割を果たしている．調湿によって適切な発汗が保たれるのである．

　調湿は結露を防ぐ上でも重要である．建物には居住空間のほかにも壁内や床下などさまざまな空間があり，そこで結露した水が蓄積されると，カビが発生し，時には木材が腐朽する．北海道地域のナミダタケはその典型例である．空間が調湿されていれば被害はない．

　湿気は物の寿命にも影響する．湿度の変動幅が大きいと損傷が激しい．博物館の収蔵庫では恒湿が基本とされている．温度は一定に保つ場合と外気温に追随させる場合とがある．後者は伝統的な蔵の環境にならったもので，京都国立博物館などでみられる．文化庁では収蔵庫などの保存施設の建築計画において，床を木造床とし内壁を25〜33 mm厚の板とすることを推奨している．木材の優れた調湿能を利用して，恒湿を保つのである．

7.2　住宅内で発生する湿気

　住宅内で発生する湿気を発生源別に挙げると，炊事による湿気，石油・ガスなどの直接暖房による湿気，人の身体から出る湿気，濡れた布巾やタオル，洗濯物などから出る湿気，洗顔・入浴に伴う湿気などがある．発生量は，炊事では上林

表7.1 炊事によって発生する水蒸気量（上林博雄，1958）

	調理時間(分)	炊事による水蒸気量(g)	ガス燃焼による水蒸気量(g)	合計(g)
朝 食	35	199	269	468
昼 食	15	73	86	159
夕 食	60	338	608	946

表7.2 直接暖房，人の身体，濡れた布，入浴からの水蒸気発生量

発生源	水蒸気発生量	備 考
直接暖房	450～620g/m³	都市ガス (3,180～3,440kcal/m³)
	3,100g/kg	プロパンガス (9,900kcal/kg)
	1,130g/l	灯 油 (8,460kcal/l)
人の身体	109g/h	軽 動 作 (20℃)
	55g/h	就 寝 (20℃)
濡れた布	26.0g/h	タオル（濡れているとき）
	850g	バスタオル
入 浴	10～20g/回	浴室の開閉
	23～30g	湯上りの体
	500～1,500g/m²h	洗場床より

（渡辺要：建築計画原論III，丸善から作成）

によるデータ（表7.1）がある．直接暖房，人の身体，濡れた布，入浴などから発生する水蒸気量はおよそ表7.2のようなものである．石油ストーブを使用しながら夕食の炊事をすると約1,500gの水蒸気が発生する．ちなみに室温20℃の8畳間の相対湿度を10％上昇させる水蒸気量は約150gなので，1,500gはきわめて多い．これらの水蒸気は換気によって，あるいは窓ガラスなどで凝縮し水流となって外へ出されるが，一部は壁，床，天井面から壁内，床下，小屋裏へ侵入する．そこで露点温度に下がれば結露するが，やがて湿気となって外気に拡散していく．

湿気が壁や床，あるいは天井を透湿する場合，水蒸気圧の高い側から低い側へ移動する．壁内へ，あるいは床下へ透湿するのは，壁内や床下の水蒸気圧が室内の水蒸気圧より低いからであって，湿度の高低ではない．

水蒸気圧の日変化は，東京を例にすると，1月は約2～4mmHgで，ほとんど動かない．湿度は48～73％の間を動く．8月の水蒸気圧は約20mmHgで終日ほぼ一定である．月別平均気温，平均湿度，両者から算出した水蒸気圧は，1月を最低にして8月まで緩やかに増加し，再び減少する．すなわち水蒸気圧は日変動が

なく年周期で変わる．したがって住宅内における水蒸気発生量が一定なら，住宅内と戸外との水蒸気圧差は冬期にいちじるしいはずである．冬期は換気が少ない上に暖房の湿気が加わるので，この傾向はさらに強いものとなる．湿気が壁内や床下に入り込むのは冬から春先である．

7.3 内装壁の構成と湿気

現在，内壁の仕上げ材はいわゆる壁紙，合板・ボード類が一般的である．しかし居間，台所，洗面・脱衣室など湿気の発生源のある場では，いわゆる壁紙，それも大部分はビニル壁紙が多い．下地は石膏ボード，合板などであるが，石膏ボードが圧倒的である．壁紙にはビニルのほかに布(レーヨン)，紙などもある．ビニル壁紙の特徴は湿気を通さないことと湿気を保持しない，すなわち調湿能がないことである．内装壁は湿気を通さず，しかも調湿能があることが望ましい．そこで壁紙を使った内装壁のモデルについて湿気の動きを考え，問題点を整理して

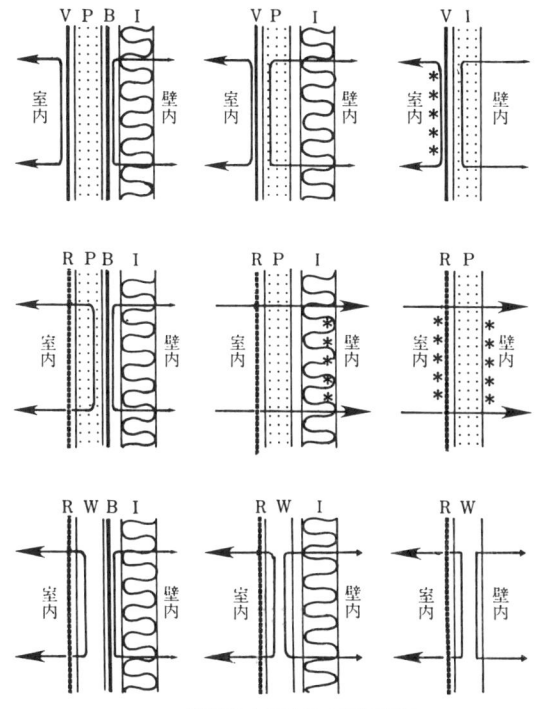

図7.1 外周壁の内装モデルと湿気の動き（岡野健，1987）
V：ビニル壁紙，R：布壁紙，P：石膏ボード，W：木質ボード，B：防湿層，I：断熱層

みる．

　図7.1は外周壁の内装モデルを材料の組み合わせ別に示したもので，各図の左側が室内側，右側が壁内側である．仕上げ材はビニル壁紙（V），布壁紙（R），下地は石膏ボード（P），木または木質ボード（W）で，防湿層（B），断熱層（I）の有無によって9種類に分けた．

① ビニル壁紙＋石膏ボード＋防湿層＋断熱層
② ビニル壁紙＋石膏ボード＋断熱層
③ ビニル壁紙＋石膏ボード
④ 布壁紙＋石膏ボード＋防湿層＋断熱層
⑤ 布壁紙＋石膏ボード＋断熱層
⑥ 布壁紙＋石膏ボード
⑦ 布壁紙＋木質ボード＋防湿層＋断熱層
⑧ 布壁紙＋木質ボード＋断熱層
⑨ 布壁紙＋木質ボード

②，⑤，⑧は何らかの理由で防湿層が機能しない場合である．矢印は湿気の動きを示している．①，②，③では室内の湿気は壁内に入らない．なぜなら表7.3に示したように，ビニル壁紙の透湿抵抗が大きいからである．

　①は最も一般的な内装で，壁内の室内側にも防湿層があるので，壁内への透湿の危険性は最も低い．②でも状況はさして変わらない．③では内装壁の室内表面に容易に結露する．いずれにしろ内装は室内を調湿する能力をもたない．

表7.3 各種壁紙，下地材の透湿抵抗（岡野健，1987）

試　　　料	厚さ(mm)	透湿抵抗 (m^2hmmHg/g)
ベイツガ（柾目板）	7	5.46
〃	4	3.83
〃	2	1.81
合板（ラワン，タイプⅡ）	4	7.69
〃 （ラワン，芯板の接ぎ目）	4	3.13
石膏ボード	9	0.64
パーティクルボード	9	3.39
ビニル壁紙	0.58	16.39
吸湿性ビニル壁紙	1.23	4.22
布　壁　紙	1.24	0.52
紙　壁　紙	0.30	0.19

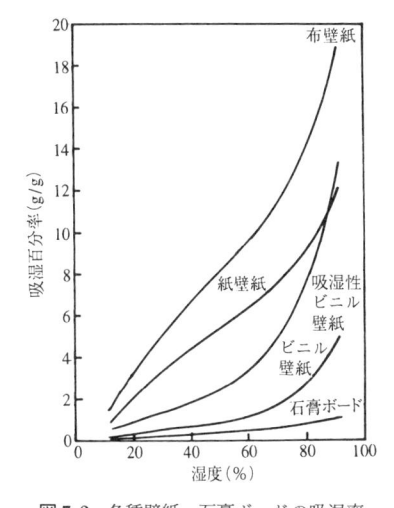

図7.2 各種壁紙,石膏ボードの吸湿率(岡野健,1987)

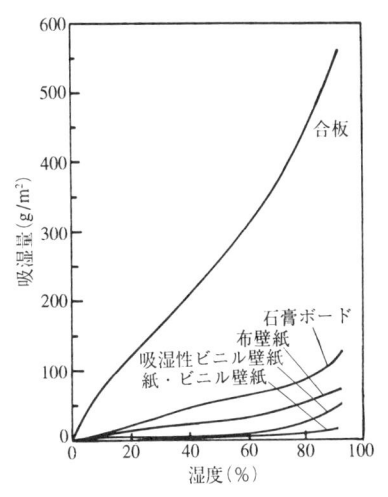

図7.3 各種壁紙,石膏ボード,合板の単位面積吸湿量(岡野健,1987)

　次は調湿能のある紙や布を仕上げ材に使った場合である．図7.2に示したように，紙や布は相当の調湿能をもっている．ところが壁紙は厚みが薄いので単位面積当たりの吸湿量は小さく，思ったほどの調湿能を期待することはできない（図7.3）．ただし，布や紙の透湿抵抗はビニル壁紙のそれぞれ約1/30，約1/90なので，湿気は壁紙を容易に通過して下地材に到達する．したがって布や紙の壁紙で仕上げた場合には，調湿能は下地をあわせたものとなる．④の場合，調湿能は布と石膏ボードをあわせたものとなるが，4mm合板の約1/3に過ぎない．ところで，布や紙の壁紙を石膏ボード下地に張った場合，由々しい問題が生じる危険性が高い．すなわち石膏ボードの透湿係数は布とほぼ同じなので，湿気はこれを容易に透過する．その結果，⑤では断熱層で露点に達し，結露の危険性がきわめて高い．⑥では室内側の壁面温度も低くなるので，表面結露も生じることになる．⑤，⑥は壁内に大量の湿気が入るという点で，存在してはならない内装である．⑦，⑧，⑨は木質ボードを下地材とした内装壁で，いずれも木質ボードの吸放湿能に応じた調湿能をもっている．⑦は防湿層のはたらきで湿気は壁内に入らない．⑧，⑨は木質ボードの透湿抵抗の値いかんで壁内に侵入する．すでに透湿係数は各種ボードについて得られている．木材についても同様である．したがってどの程度の厚みがあれば，ビニル壁紙に匹敵する透湿抵抗をもたせることができるかが問題

である．

表7.3から概算すると，板張りなら約20 mm，合板なら約10 mm，パーティクルは約40 mmとなる．すなわち，そのような下地を使えば⑧，⑨でも壁内への透湿は心配しなくてよい．したがって，下地に適切な厚みをもった木質ボードを使えば，壁内結露の心配もなく，かつ調湿能のある内装壁を作ることが可能である．

7.4 室内にあらわした木材による調湿

東京都八王子市北野に建てられた試作住宅2棟の室内気候の観測を行った．2棟の試作住宅は木造で，同一敷地内にほぼ同一の部屋構成をもって建てられており，しかも一方が他方に比べて内装に木材を多くあらわしているのでその効果を比較することができた．また観測期間は，いわゆる大寒から梅雨を経て盛夏に至る約半年間にわたったので，さまざまな天候の下での資料を得ることができた．ここでは湿度に関する結果について述べる．

a. 試作住宅

試作住宅とはいえ立派な家である．試作の主目的が部材の数を減らし，接合法の改善を図り，普及させていくときの問題点・工期や工費を知ろうとしたことにあるので，その結果として住宅は家具調度品を入れればすぐにも住める状態になっている．ただし2階の内装は未完成である．主な特徴はA棟が大壁工法，B棟が真壁工法で，A棟の部材断面は90 mm角，B棟では115 mm角を主体とし，アルミサッシを使わずに枠付き木製サッシにパッチを付けて気密性を高めたこと，A棟の居間ではサッシ枠，廻し縁，額縁，幅木以外には木質材料がみられないのに反し，B棟では厚さ13 mmの縁甲板が壁の一部に使われたり，梁も室内にあらわされていることである．

八王子と東京の月平均気温・月平均湿度の違いは湿度で，八王子の方が各月とも約5〜10％低い．この差はこの地区が工業団地で，平坦で地盤が乾燥していることによる．住宅の室内気候は，住宅の建てられている地区の気候が前提となる．

b. 室内気候（湿度）

観測期間中，住宅の条件を適宜以下のように変えた．

・自然条件：室内に熱源，湿度発生源がない．

・居住条件：室内にオイルヒータ（1 kW）1台，超音波加湿器（噴霧量 110 g/h）を設置

晴天の日には日射があるので，自然条件ではガラス窓のみ閉めた場合と雨戸をも閉めた場合とに分けた．居住条件では昼間雨戸を開け，夜間閉めた．室内の温度と湿度は上記の3条件で変わるが，最も影響の大きいのは天候である．晴れた日には温度・湿度とも日較差が大きいのに対し，終日曇っていたり雨の日ではほとんど日較差がない．したがって天候と住宅の条件を組み合わせると6通りに類別できる．そこで典型的な10日間を選び室内気候を検討した．なおそれぞれの日は前日の天候が同じであるように選んだ．

A，B両住宅の居間の湿度を外気の湿度に対して2時間ごとにプロットしたのが図7.4である．温度の日較差はB棟の方がA棟より 0.3℃高い．それにもかかわらずB棟の湿度の変動幅はA棟の半分以下である．B棟の居間にあらわしてある木材が調湿しているのである．

木材の吸湿等温線を使って，両住宅の調湿能を木材の量で表すと，A棟居間は 100 g/m^3 でB棟居間の 390 g/m^3 の約1/4に過ぎない．

c．室内気候に寄与する木材の有効厚さ

室内にあらわした木材は，湿度の変動幅を小さくする作用があり，したがって結露防止の点で効果があり，部材の耐朽性を高める．しかし，化粧合板の場合，表面の木材の厚さは 0.2～0.4 mm しかない．そのような薄い木材でも有効なのだろうか．また，厚い木材の場合，室内の湿度が高くなったとき，その表面から

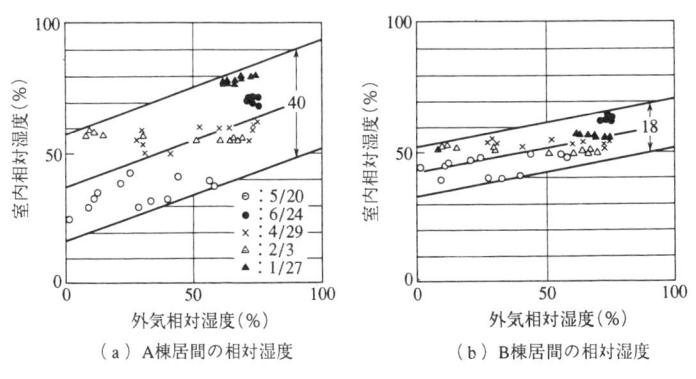

（a）A棟居間の相対湿度　　（b）B棟居間の相対湿度

図7.4　試験住宅の居間の湿度（岡野健，1978）

表7.4 有効な厚さ（岡野健，1987）

温湿度変化の周期	有効な厚さ（木材）
1日	3mm
3日	5.2mm
10日	9.5mm
1か月	16.4mm
1年	57.3mm

どのくらいの深さまで湿気を蓄えて，調湿に役立っているのであろうか．

　モデル空間の温湿度を周期的に変え，そこに置いた木材の厚さ方向の含水率変化を実験的に追跡し，表面と内部の含水率変化を調和振動で表して，表面に対する振幅比0.1までの厚さを有効厚さとした．温湿度変化の周期に対する有効厚さを表7.4に示す．温湿度には日周期と年周期がある．その他，気団の移動に伴う数日の周期，梅雨前線や秋雨前線の停滞に伴う十数日以上の周期などもある．日変動では表面から3mmしか有効ではないが，前線の停滞に対しては10～16mmまでの深さが吸放湿に寄与する．はじめに述べた収蔵庫の内壁の厚さは2～4カ月の周期に対応している．住宅内で一時的に発生する湿気は周期がきわめて短いので，内壁の表層で十分対応している．　　　　　　　　　　　　　　〔岡野　健〕

8. 住宅の安全と環境

8.1 木造住宅の構造安全性

a. 木質系住宅の種類と構造

　従来木造あるいは木構造と総称されていた木質系躯体は最近では製材ばかりでなく木材を原料とした集成材，合板，木質系ボードなどを各種接合法で組み合わせて構成されている．木質材料は木材を原料にしているので木材のもつ基本的な性質を残してはいるが，製材品の木材の姿とはかなり異なっており，しかも新しい構法の中で果たす役割からみても製材品とは大きく異なってきているので木質構造と総称され，表8.1のように構法で区分されている．以下に，わが国の木質構造住宅の大宗を占める3構法の特徴を示す．

1）在来軸組構法

　在来構法という言葉はプレハブ住宅や枠組壁工法など各種木造の構法の出現に

表8.1　木質構造の分類

構法名称		主な用途	構造方式	構造部材加工方式	現場施工度
在来構法	伝統構法	神社・寺院数寄屋・茶室	軸組式同上	プレカット同上	多い多い
	軸組構法	住宅・事務所・学校など	軸組（＋壁）式	同上	多い
	木骨組積造木骨土蔵造	倉庫など	軸組＋壁	同上	多い
枠組壁工法（ツーバイフォー工法）		住宅	壁（＋軸組）式壁式	無加工プレハブ	多い比較的少ない
プレハブ構法	軸組式	住宅	軸組式	同上	比較的少ない
	パネル式	住宅	壁式	同上	少ない
	モデュラー構法	住宅	壁式	同上	非常に少ない
	丸太組構法	住宅	壁式	同上	多い
	集成材構造	住宅・体育館・教会	ラーメン，アーチ，立体トラス式	同上	比較的少ない

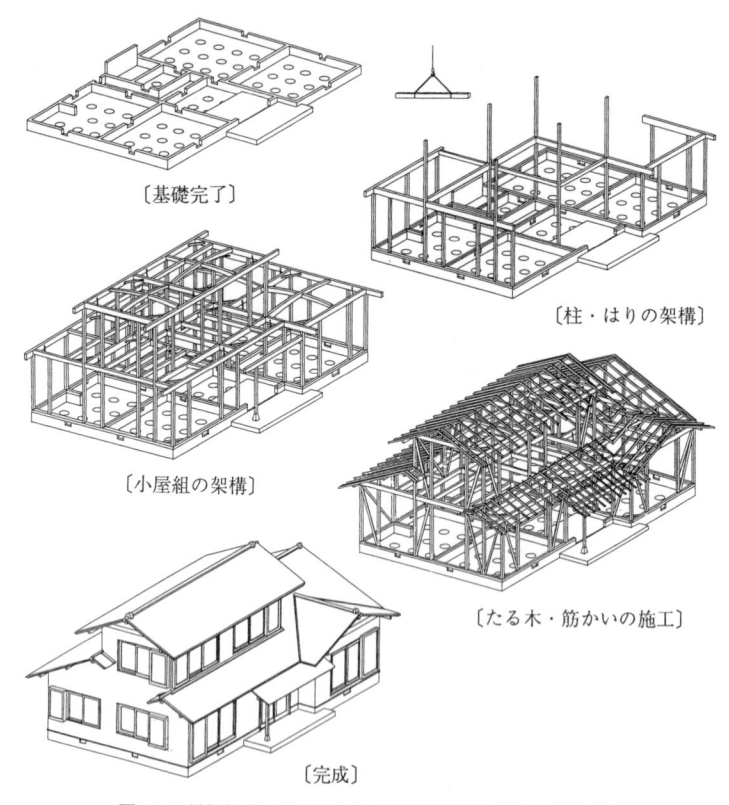

図 8.1　軸組組立ての手順（木質構造建築読本，1988 より）[6]

伴って，それを区分する意味から，従来より大工，工務店が一般的に作っていた柱，梁を基本軸組とする木造に与えられたもので，軸組を強調したいときには軸組構法とか在来軸組構法が混在して用いられている．在来構法はその時代，その地域で最も一般的，あるいは最も合理性を発揮している構法といえるので，そのまま伝承することが重視される伝統構法とはややイメージが異なっている．自由度が大きいという反面，それが問題を不明確あるいは複雑にさせている．構造，構法の特徴は図 8.1 に示すように土台，柱，はり，桁などの軸組をほぞ，継手(つぎて)，仕口（しぐち）で接合し，組み立てていくもので，筋かいや火打（ひうち）のような斜め材で地震や台風などの水平力に抵抗できるようになっている．新築の戸建住宅では現在でも，木質構造（木造）が多いが，そのうち木質系プレハブや枠組壁工法は，そのシェアを伸ばして，もっぱら在来構法が食われるような状

況にある．したがって国産材供給側のもつ危機感は強いものがあるが，地域の活性化，森林の保全のための林業の活性化，情報化，多様化した住宅生産や，貿易摩擦の国際化などの状況下で，住宅を社会資産のストックとしてとらえ，新たな多様化の動きに対応する合理性と技術開発への追究が当然のすう勢となっている．特に，手加工に頼っていた部材加工を機械加工するプレカットは建築業全体を取り巻く職人不足，技能低下のなかで，急速に進行した．そして，プレカットの部材加工が既存の在来構法の経験からきた形状や寸法を基準にして機械加工するという段階から，設計，カットの効率や施工の効率，乾燥に伴うトラブルの解消などトータルとしての生産性を追求する段階に入りつつある．

2）枠組壁工法

枠組壁工法はツーバイフォー（2×4）工法と俗称されている．日本の技術基準は北米のプラットフォーム工法を原形にして建設省告示で示めされている．ツーバイフォー工法は和製命名であり，壁枠組材に用いる主要な木材の断面寸法が公称2インチ×4インチ（two by four ツー・バイ・フォー）であったためである．使用される製材品は日本農林規格「枠組壁工法用構造用製材」の規定寸法と等級で定められている．枠組を構成するための接合および合板などの面材の接合に用いる釘の種類や釘打ち方法などが建設省告示できめ細かく示されている．構造的な特色は図8.2のように合板や石膏ボードなどの面材を枠組材に釘打ちして耐力壁，床，屋根を構成し，その一体化によるダイヤフラム，ストレストスキン効果で地震，台風，積載荷重に抵抗する構造である．このようにして構成されて密閉，区画された部位や空間は火災の拡大を抑える効果があり，木造建築物の防火性能を格段に向上させた．

3）木質パネル構法

わが国は世界に類をみない多彩な木造建築工法が存在しているが，合板などの木質系面材料を接着剤や釘打ちで木製枠組と接合した構造方法が木質パネル構法である．一般には壁，床，屋根などを工場生産した構法，いわゆるプレハブ構法を指す．釘打ちした枠組壁工法を工場生産した構法もこの範疇に入るが，一般的には木質接着パネル構法を指すことが多い．合板などの面材を枠組材に接着接合して耐力壁，床，屋根パネルを構成し，その一体化によるダイヤフラム，ストレストスキン効果で地震，台風，積載荷重に抵抗する構造である．建築基準法上の位置づけは建設大臣がその安全性を認める，いわゆる38条認定の対象となってい

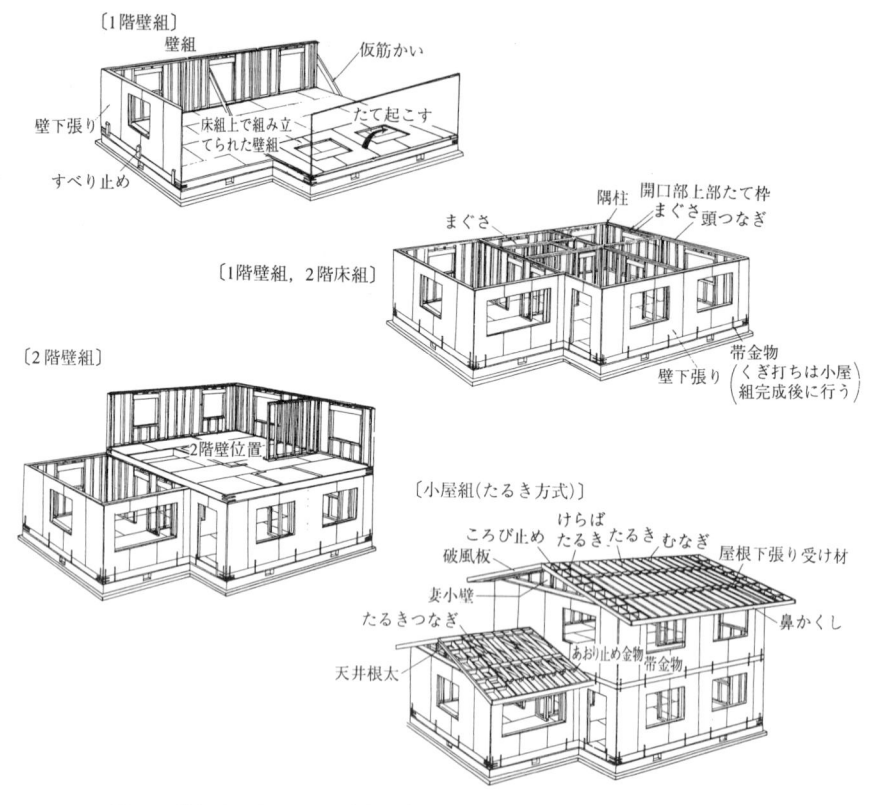

図 8.2 枠組壁工法における建方工事の工程（木質構造建築読本，1988 より）[6]

る．接着パネル，複合梁などの接着製品は管理された工場での製造を原則にしており，建設現場における接着としては一部の相互接合で使用されているのみである．したがって各社独自の構造方法が提案されることが多く，工業化住宅ともいわれている．

b）耐力壁の壁量計算と壁倍率

上記の3構法に代表される木質構造の地震や台風などの水平力に抵抗する基本要素は耐力壁である．建築基準法施行令第3章第3節は在来構法，いわゆる軸組構法を基本とした基準であるが，そこに筋かいなどで構成される軸組などが耐力壁として示されている．耐力壁の種類に応じて抵抗値（すなわち壁倍率）が定められており，地震や台風に抵抗するために必要な耐力壁の量の規定がなされてい

8. 住宅の安全と環境　83

表8.2　主な耐力壁の倍率

			倍率				倍率
建築基準法施行令	(1)		0.5	建設省告示	(a)	シージングボード　石膏ボード　ラスシート	1.0
	(2)	両面	1.0		(b)	パルプセメント板	1.5
	(3)	断面寸法 1.5×9 の筋かい	1.0		(c)	ハードボード　硬質木片セメント板　フレキシブル板　石綿パーライト板　石綿けい酸カルシウム板　炭酸マグネシウム板	2.0
		3×9	1.5				
	(4)	4.5×9	2.0		(d)	構造用合板　パーティクルボード	2.5
	(5)	9×9	3.0		(e)	胴縁	0.5
	(6) たすき	1.5×9	2.0	注)(a)〜(d)は釘の種類,釘打ちの仕様が各々定められている.			
		3×9	3.0				
		4.5×9	4.0				
		9×9	5.0				

表8.3　地震力に対する必要壁量（在来軸組構法の場合）

建物の種類	必要壁量（床面積当たり cm/m²）		
金属板, 石綿スレートの瓦など, 軽い屋根葺材の建物	11	15 / 29	18 / 34 / 46
瓦など, 重い屋根葺材の建物	15	21 / 33	24 / 39 / 50

注)地盤がいちじるしく軟弱な区域の場合には，この値の1.5倍をとる．

る．

　軸組構法に用いられる主な耐力壁の倍率を表8.2に示す．倍率と壁の長さ（壁長）の積をとり，各階の平面上の X, Y 各方向ごとに総和したものを各方向の有効壁長と呼んでいる．

　一方，わが国の地震力を推定してそれに耐えるための最低基準として図8.3のような数字が示されている．この数値は床面積当たり壁長（cm/m²）となってお

見付面積に乗ずる係数（風圧力に対する必要壁量）

	見付面積に乗ずる係数 (cm/m^2)
一般地域	50
特定行政庁が強風地域と認めて規則で指定する地域	50～75　特定行政が定める値

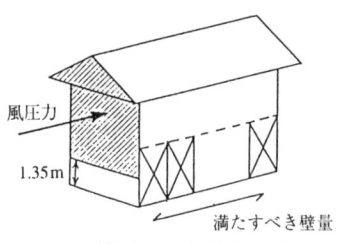

(a) １階の壁量を算出するときの見付面積
（妻面受圧，けた行方向壁量）

(b) ２階の壁量を算出するときの見付面積

図8.3　風圧力を受ける面積の算出

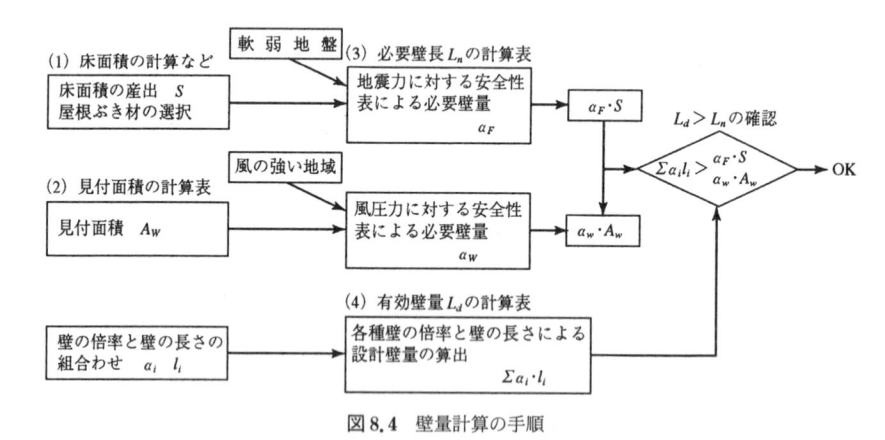

図8.4　壁量計算の手順

り，建物の階数と屋根の種類（すなわち屋根の重さ）ごとに，各階に必要とされる数値が示されている．各階の床面積をその数値に乗じたものが必要壁長と呼ばれる．

　台風については図8.3のように風圧力を受ける面積を算出し，50(cm/m^2)（強風が吹く恐れのある地域は5割増しまで）を乗じたものが必要壁長になる．

　建物は各階ごとに，平面上の X，Y 両方向とも有効壁長が地震および台風の必要壁長を上回ることを確認することが壁量計算である．その手順は図8.4である．

枠組壁工法や木質プレハブ構法の耐力壁もほぼこれに準じた扱いがなされている．構法の違いによって耐力壁には筋かいや合板などの面材料を釘打ち，接着したものなどがあり，水平力に対する抵抗値が異なるのでおのおの壁倍率が求められている．

この耐力壁に外力を伝達し，立体の箱として一体化するように床や天井の構面（水平構面という）が形成されることが必要とされている．また，建物全体をしっかり支えるための基礎の一体化がなされることが必要である．

c．最近 20 年の震災からの教訓

木造住宅の被害について過去 20 年の地震災害調査で指摘されてきた点をみると，阪神・淡路大震災との共通点と相違点として参考となるところが多いので，まず以下にそれを記しておきたい．

伊豆半島沖地震(1974)：断層上にあった南伊豆町の住宅が分断されるように変形，特に床の水平剛性がないために床板が大きく跳ね上がり，耐力壁の少ないのは倒壊したものもあり，損傷がいちじるしかった．土の上に置かれた屋根瓦のずれが多く目立った．前面開口の土産物屋も被害が大きかったが，倒壊に至らなかったのは簡易な建物で軽い壁，屋根などが幸いしたと推測される．ここに今回の阪神大震災の倒壊家屋との違いがみられる．砂丘上の子浦地区では地盤が大きく移動し，玉石などの独立基礎，筋かいなどが少ない，瓦屋根の古い民家が大きく傾斜した．また，地盤からの湿気を防ぐために一階部分を鉄骨＋ブレースによるピロティ形式にした別荘の木造住宅が倒壊．

大分県中部地震(1975)：鉄筋コンクリート造ホテルが 1 階ピロティ部分から崩壊したことが衝撃的であったが，山村地で重い屋根の民家や土蔵が倒壊した．

宮城県沖地震 (1978)：造成地の盛土，擁壁部の崩壊した時の被害が目立った．特に盛土上にあった住宅の被害の大きさに比較して，隣接した切土上にあった住宅の被害の少なさが対照的であった．その盛土上にあっても布基礎の一体化，床構面，耐力壁の剛性があるものは上部構造の損傷は少ない例も認められた．人命にかかわった顕著な被害としてモルタル壁の剥落，ブロック塀の倒壊による危険性が指摘された．モルタル壁の力骨なしでタッカ針のみの貧弱な止め付けが木造住宅の被害の代表であったが，都市部だけに問題が多かった．耐震帳壁の施工マニュアルが日本建築センターから発行され，住宅金融公庫融資木造住宅の共通仕

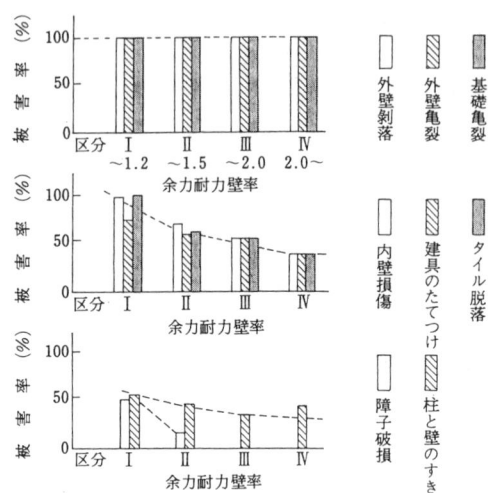

図8.5 各部位の被害率と余力耐力壁率
(有効壁長/必要壁長)

様書もそれに準じたものとなった．

　住宅金融公庫融資を受けた木造住宅の被害調査では大きな損傷がなく，建築基準法の壁量を満たしていることの重要さと検査に対する施工管理が有効にはたらいていることが認められた．図8.5のように耐力壁量の余力率(＝有効壁量/必要壁量)が増すと内装などの損傷の比率が減少することが認められた．加速度が600galを越えていたと推測される地域での損傷の程度から近年の内外装による余力や接合金物の効果がかなり検証された．また，建設途中の在来軸組構法，枠組壁工法も倒壊した．その枠組壁工法住宅では合板壁の自動釘打ち機による釘の打ち込み過ぎによる耐力低下も指摘された．

　母屋に増築を行った住宅で，増築部分の基礎が重量ブロックを並べた簡易なもののために基礎がばらばらになり，壁が大きく亀裂損傷した例がみられた．

　浦河沖地震(1982)：商店街の被害が多く，間口の大きなガラス戸，扉の損傷および，くの字になったいわゆる店舗付住宅の被害が目立った．また，モルタル壁の力骨なしでタッカ針のみの貧弱な止め付け，断熱材挿入と防湿層の不適切な施工による木部腐朽，海岸地域におけるラスの腐蝕がモルタルの剥落を生じさせた．外壁に新たに用いられていたサイディングが剥落せずに住宅の大きな損傷を防いだという評価が多くみられた．以後この地域では外壁はモルタルが激減し，サイディングに置き替わった．

日本海中部地震(1983)：津波による人的被害が大きかった．砂地盤の液状化によって在来軸組構法が被害を受けた．無筋コンクリート造基礎の破損が目立ち，鉄筋コンクリート造布基礎の重要さが指摘された．

釧路沖地震(1993.1)：造成地での地盤崩壊が大きく生じた．そのなかでも床構面，耐力壁の剛性の程度と壁の偏在によって上部構造の損傷が倒壊から無傷まで大きく異なった．一般的な傾向としては，寒冷地のため布基礎が大きく深く一体化されており，開口部も少ないため壁量が多く，で地盤の変動のみられた液状化のみられた地域でも上部構造は比較的被害が少なかった．砂地盤における亀裂や移動がみられときの基礎と床構面の一体化と強度と剛性が重要であることが枠組壁工法住宅の被害から認められた．すなわち，基礎が無筋で亀裂破壊が生じたことと，床構面の剛性に弱点があったために，平屋で壁量が十分であっても床が開いて壁に大きな損傷が見られた．

北海道南西沖地震（1993.7）：津波による人的被害，物的な被害が大きかった．液状化地域での不等沈下が多くみられた．被害の程度は釧路沖地震でみられたのと同じく，布基礎の一体化，床構面，耐力壁の剛性の程度によって上部構造の損傷が大きく異なった．上部構造が無傷で，不等沈下によって傾斜しただけの住宅はその補修が大きな課題となった．木質アパートの大きな変形は南面に偏在した開口部と壁量の少なさが影響していた．砂地版や埋立地においても基礎杭の効果はきわめて大きいことが認められた．

d．阪神・淡路大震災で被害を受けた木造住宅の傾向

比較的古い建物は激震地はもとよりかなり広範囲で倒壊が目立ち，旧お屋敷でも倒壊した例は少なくない．特に重要な点は倒壊した建物とほとんど被害がなかったものに大別できることである．倒壊は以下の要因が重なっていると考えられる．

1）建物重量の大きさ

葺土瓦であり，それを支える梁などの寸法も大きい．壁も小舞壁，木摺り漆喰壁など重量が大きいものが多い．外壁仕上げモルタルで，都市部のため2階建が多い．これらの重さが圧死した人の多かったことの主要因となっている．倒壊の原因は建物重量の大きさに問題があったのではなく，それを支えるような構造でなかったことである．葺土瓦を歴史的に考えるならば台風対策が主であったと予

想されるが,「どっしりとした造り」という先入観が耐震性への配慮を欠いたともいえる．

2) 壁の少なさと壁の配置の偏り

古い住宅はこの地方の気候，風土条件から概して開口部の大きなものが多く，結果的に耐力壁の不足をもたらしていたと思われる．いちじるしく大きな開口部や隅角部の両面開口などに無理のある計画が多い．

3) 壁耐力の不足

筋かいのないもの，筋かい接合不足など耐震性への配慮がない構造や施工が多い．土塗り壁などでは明らかに必要壁量を満たさないであろうと思われる住宅も少なくない．筋かいは三割り（みつわり）（2.5 cm 程度）で突きつけ，釘のないものや，あっても釘2本で引張りに耐力を期待できないものがほとんどである．引張りと圧縮筋かいのバランスの極端に悪いものもみられている．特にバラバラになった倒壊は部材の細さや接合金物の不備が粘り不足を生じた可能性も少なくない．

4) 余力不足

地震（加速度）の大きさから考慮すると必要壁量を満たしていたとしても限界状態かそれを超えたことが予想される．一般に古い住宅では内外装材や間仕切り壁などがきわめて少なく，余力が少ないと考えられるからである．モルタル壁は適切に施工されているならばきわめて大きな耐力を余力として期待できるはずであるが，剝落するような施工では耐力的な寄与がなかったとみるべきで，内装材も構造耐力上のプラスにならないような軽微な留め付けであることが倒壊現場から観察されている．

5) 腐朽，白蟻などによる劣化

古い木造建築物は水廻りなど腐朽，白蟻など劣化が生じている可能性は十分ある．モルタル壁の内部の木部は雨仕舞いが悪かったり，水廻りなど部分的には腐朽，白蟻など劣化が生じている例は多い．近年の断熱材の施工不備による内部結露，それによって生じた腐朽なども要因になりうる．また，モルタルの剝落には下地の腐朽とラスやタッカなどの腐蝕も考えられている．腐朽，白蟻などによる劣化は決して古いとは同義ではない．劣化の要因が設計，材料選択，施工そして維持管理における耐久的配慮の不足であり，木材を使うときの基本的なことが忘れられていることこそ注目すべきなのである．

6）安易な増改築

　比較的安直な増築改築が引き金になったと思われる被害もある．特に2階への増築が下階の壁量不足を生んだ可能性が大きい．2階を増築するときに通し柱を添え付けて増築したが壁量不足と一体化がなされていないため，通し柱の中央付近で折損した例はきわめて多い．

　このように被害のあったものは構造的な配慮の欠けたものであり，建築基準法や技術基準以前の構造計画，施工管理の不備の問題である推測される．すなわち在来軸組構法やモルタル壁も構造的な配慮がなされていたものは大きな被害を生じていない．

7）構造計画上無理の生じがちな住宅

　ⅰ）ミニ開発など構造計画上の無理のあるもの　　狭小な土地のため前面間口が2～2.5間程度であまり大きくとれず，壁の偏在がいちじるしくなりがちである．このような「鰻の寝床」では一方向にはきわめて耐力壁の不足が生じがちである．土塗り壁や，三割り筋かい程度では必量壁量を満たすことは現実には不可能である．特に，構造計画，施工上に配慮のなさ，あるいは手抜きといった建築基準法や技術基準以前の問題が被害を大きくしたと推測される．なぜならば60 m^2 以下の2階建の枠組壁工法住宅もかなりあるが，倒壊していない．また，連棟建は一戸の間口は戸建と同じぐらいであるが，連戸によるバランスや界壁の存在が損傷を少なくしているように見受けられた．

　ⅱ）ガレージ付き住宅　　ガレージ部分の鉄筋コンクリート造に損傷がなく，上階についても構造的な配慮がなされていれば問題は比較的少ない．木造あるいは軽量鉄骨で安直に造られたピロティ型式のガレージ上に上階を有するタイプではかなり無理があり，倒壊を誘発したものも少なくない．

　ⅲ）店舗型住宅　　前面が開口あるいは前面ガラスであることが多く，壁のいちじるしい偏在が生じがちである．過去の被害では2階床部分で「く」の字になったりする例が多かったが，今回は倒壊がきわめて多い．ミニ開発と同じく密集地帯での間口の小ささなどが1階の耐力壁の不足や施工管理，維持管理（現実にできない）の悪さが決定的な要因になっていると推定される．

　ⅳ）不用意な増改築　　上階への増築の前記したとおりであるが，平面の増築は接合部あるいは基礎に一体性がないため，変形性能の違いによる衝突などもみられている．

ⅴ）**建設途中の建物**　構造が不安定な状態であるため損傷が生じた例も多い．

ⅵ）**液状化地域における傾斜**　構造的に配慮がなされていた現行の仕様の建物は液状化地域で傾斜したが，基礎の一体化が有効にはたらき補修が可能であった．

e．木造住宅の構造安全性の基本要件

過去の震災および阪神・淡路大震災で明らかになった木造住宅の被害は，① 構造計画，② 材料選択，③ 施工管理，④ 維持管理が適切であったかの問題であり，いずれかの条件が欠けた住宅が被害を受けたといえる．以下にこの4条件に関して最も基本となる事項を示しておきたい．

1）建築基準法施行令の遵守とゆとりある構造計画

木造住宅が地震や台風などの水平力に耐えるためには，耐力壁（代表的なものとして筋かいがある）が必要で，その満たすべき最低の量は建築基準法施行令で定められている．その必要壁量の確保は必要最低限のものであり，ゆとりをもたすことが安全率を増し，初期に生じる内外装の損傷を軽減する．壁倍率の多様性を生かすとともに，配置のバランスが重要である．耐力壁の耐力を有効にはたらかすための鉄筋入り布基礎，水平構面の剛性の確保と一体性が構造軀体をしっかりしたものにする．

いちじるしい耐力壁の偏在，大居住空間，複雑なプランを伴う住宅では構造計算を行い，構造計画の適正化を行うことは当然の措置である．

軟弱な地盤など，条件の悪いところは必要壁量の割増し，基礎や水平構面との一体性に注意し，構造計画の慎重さと材料選択，施工管理の綿密な連携が必要である．

開口の大きい店舗型住宅，ガレージ付き住宅は側面および背面耐力壁と水平構面の剛性の確保および開口部脚部の留め付けに留意する．

阪神大震災の被害でみられたように不用意な増築はきわめて危険であり，既存部分である一階耐力壁の補強，基礎，接合の一体性の確保に留意する（維持管理の項を参照）．

地震に強い木造住宅を造るための設計の段階で，設計者と施主，居住者の関与する基本原則は次のとおりである．① 平面は凹凸の少ない単純なものであること

② 立面もなるべく単純で，上下階が一致していること　③ 耐力壁の量をなるべく多くとること　④ 耐力壁が隅角部にあり，一方向に片寄らないこと　⑤ 上下階の耐力壁はなるべく一致させること　⑥ 開口部はあまり大きくとらないこと　⑦ 部屋の面積をあまり大きくとらないこと

もちろん，実際の設計では，これらの原則を必ず外れるものが出てくる．そのときどのように処理するかが設計者および技術者の役割である．

2）材料選択

本来材料選択は設計行為と施工管理の受入れに相当するであろう．特に木材の品質などの場合には書類，図書には表せないものが少なくない．日本農林規格1級といった表示は可能であるが，実際の現場での判断が必要である．

土地条件や地盤条件に対処するための材料や構法の選択も多く存在する．もちろん土地の選択も材料選択に含めるべきで，軟弱地盤，造成地の盛土，液状化対策など設計行為と材料選択の綿密な連携が要求される．

3）施工管理と検査

構造計画や材料選択が適正であったとしても実際の建設時にそのとおりなっているかが施工管理であり，検査である．それには設計図書に基づく公的な検査と現場施工における釘打ち，金物の取り付け，筋かいの材質の判定などの管理と検査がある．本来設計管理は設計者による構造計画や材料選択ばかりでなく，施工管理まで含まれるであろうが，現実の住宅の場合それがなされている例はきわめて少ない．阪神大震災の被害の要因に手抜きと施工の不備が大きなウエイトを占めていたことから検査体制の重要性が指摘されている．

4）維持管理

地震に耐え，木造住宅を長持ちさせる最も基本は住む人の日常的な配慮（維持管理）にある．特に維持管理，補修の責任の大半は居住者にあり，同じ時期に，同じ地域に，同じ構法で，建設された住宅でもその劣化にいちじるしい差がある実態は注目すべきである．それは木部に水分を侵入させない，侵入した場合でも停滞時間なるべく短くし，乾燥した状態に保つこと（7.2節を参照）と異常が発生したとき施工者に迅速な連絡と処置を依頼することである．

f．既存住宅の耐震診断

新築の住宅の場合は確認申請などで，このように耐力壁のチェックをはじめと

表 8.4 既存住宅の診断
(日本建築防火協会資料より作成)[4]

わが家の耐震診断表

		診断項目	評点 (注1)			
			良い・普通	やや悪い	非常に悪い	
A	地盤・基礎	鉄筋コンクリート造布基礎	1.0	0.8	0.7	□
		無筋コンクリート造布基礎	1.0	0.7	0.5	
		ひびわれのあるコンクリート造布基礎	0.7	診断適用外 (注2)		□
		その他の基礎(玉石,石積,ブロック積)	0.6			
B	建物の形	整形	1.0			□
		平面的に不整形		0.9		
		立面的に不整形		0.8		
C	壁の配置	つりあいのよい配置	1.0			□
		外壁の一面に壁が1/2未満		0.9		
		外壁の一面に壁がない(全開口)		0.7		
D	筋かい	筋かいあり	1.5			□
		筋かいなし	1.0			
E	壁の割合	1.8～	1.5			□
		1.2～1.8		1.2		
		0.8～1.2		1.0		
		0.5～0.8		0.7		
		0.3～0.5			0.5	
		～0.3			0.3	
F	老朽度	健全	1.0			□
		老朽化している		0.9		
		腐ったり,白蟻に喰われている		0.8		
総合評点		A □ × B □ × C □ × D □ × E □ × F □ ＝ □				

(注1) 2階建の場合は、1階部分だけで診断します。同じ項目内に該当するものが2つ以上ある場合には、数値の最も低いものを選びます。
(注2) 診断適用外になる場合は、専門家の精密診断をうけてください。

B 建物の形

整形・不整形は、下図を参考にして判定します。

平面的: 整形 / 不整形
立面的: 整形 / 不整形

8. 住宅の安全と環境

耐震判定表

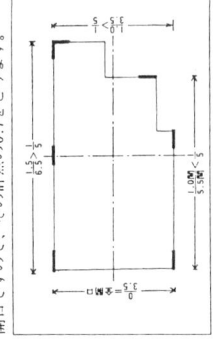

総合評点	判定	今後の対策
1.5以上〜	安全です	—
1.0以上〜1.5未満	一応安全です	専門家の精密診断をうければ、なお安心です
0.7以上〜1.0未満	やや危険です	専門家の精密診断をうけて下さい
0.7未満	倒壊または大破壊の危険があります	ぜひ専門家と補強について相談してください

C 壁の配置

外壁の一面に窓などどれだけあけてあるかは、下図のように、建物の平面で中心側から手前側にある立面について判定します。4面のうち、評点が最も低い面の値をとります。この例では、左側の立面が全開口ですので、その評点の0.7をとります。

例題

敷地 台地の間の谷間（木造一部2階建鉄板葺）（やや悪い地盤）
構造 木造一部2階建鉄板葺
建築後20年（やや老朽化）
無筋コンクリート造布基礎
筋かいあり
建坪 20坪

この例の総合評点は次のようになります
A B C D E F
0.7×1.0×0.9×1.5×1.0×0.9＝0.85

	イ.壁の長さの計(間)	ロ.建坪(坪)	ハ.単位面積あたりの壁の長さ(イ/ロ)	ニ.必要壁長さ	ホ.壁の割合(ハ/ニ)
例題	10.0	20.0	0.5	0.52	0.96

この立面の壁の配置：1.0/5.5＜1/5 ……… C＝0.9
←→けた行方向の壁の長さの合計＝10.0間
↑↓はり間方向より短いので、けた行方向を考える。

E 壁の割合の計算

ハ欄の "単位面積あたりの壁の長さ" は、イ欄の "壁の長さの合計" を、ロ欄の "建坪" で割ることにより求められます。
ニ欄の "必要壁長さ" は、下の表から該当するものを選んで記入します。

屋根		平家	2階建
軽い屋根	(鉄板亜・石綿等)	0.20	0.52
重い屋根	(スレート葺等) (かや亜・瓦葺等)	0.27	0.59

ホ欄の "壁の割合" は、ハ欄の "単位面積あたりの壁の長さ" を、ニ欄の "必要壁長さ" で割ることにより求められます。この値は、下に転記しておいてください。

　　　　　壁の割合 ＝

した構造計画がなされるが，既存住宅の場合は困難な場合が多い．簡便な既存住宅の耐震診断と補強については表8.4が参考になる．この診断には地震に対する基本原則がほとんど載っており，点数になっているので，ここに載っている点数がなるべく高くなるように，もし低い点数があったら他で補なうようにする．最も基本で明快なものが「E．壁の割合」である．「C．壁の配置」は開口については，特に留意すべきで，南側に全然壁がないものや，隅に壁，柱のないガラス張りなど問題が生じがちである．それで問題があるときには専門家に詳細の検討を依頼する．また，増築や改築のときには既存の住宅の補強するいいチャンスになる．特に不用意な増改築が大きな被害を生んだ阪神大震災の教訓を忘れないようにしなければならない．

8.2 住環境と維持管理

a．住環境における材料

人間が生活する空間における環境，すなわち居住環境の評価には温度や湿度などをはじめ多くの物理的な因子や材料の特性が評価されてきた．しかしながら生活を取り巻く環境は決して単純ではなく，しかも人間に個体差があるために何らかの生物による評価が要求される．さらに環境の変動に対する生理的，心理的な反応は総合的に，しかも複合的にとらえることが重要で木材，木質の造る環境は人間や生物に対して調和する木質環境として評価されている．

さて生物が健康な生活を営み，次代の子を育てるという，世代の交代，繁殖性による評価には実験，時間的な制約も大きく困難さが伴う．ここでは，マウスに

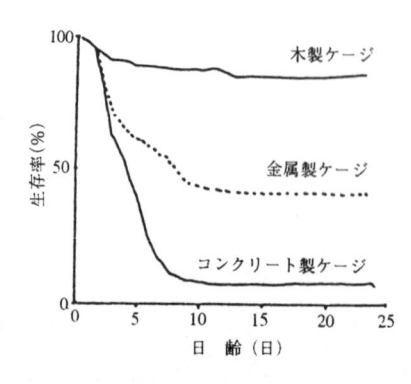

図8.6 マウスの仔の生存率と発育曲線
(伊藤ら：静岡大学農学部研究報告, 1987)[8]

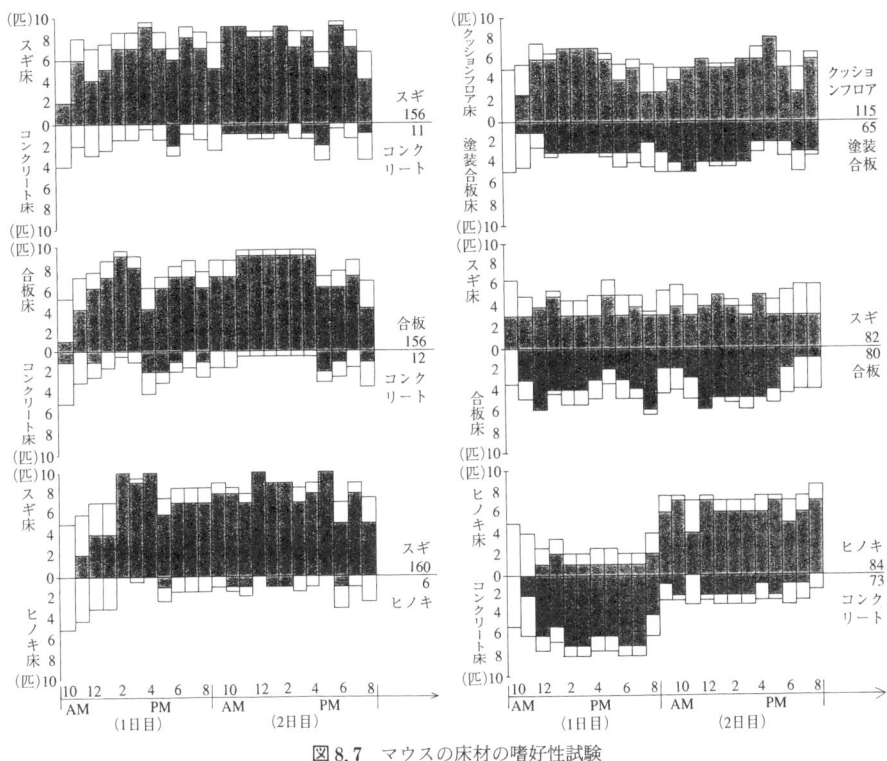

図8.7 マウスの床材の嗜好性試験
(静岡県木連:生命を育む,1987)[9]

よって生物学的な評価実験[8]と学校教育環境における木材の効用についての実態調査を示す.

　静岡大学の研究グループはマウスを一般の小屋の中に設置した木製,コンクリート製,亜鉛鉄板製のケージで飼育し,成長,繁殖,嗜好性について広範な実験を行った.すなわち飼育箱の周辺の温湿度は同一条件である.

　図8.6は初夏の季節における子マウスの生存率を比較したものである.木製ケージでは生存率が高く,材料による差異がいちじるしいことが認められる.夏季においては生存率に差異はなくなるが,木製ケージで体重の増加など成長が優れていることのほか,臓器重量発達,特にメスで卵巣や子宮,オスで精巣といった生殖器の重量が重く,生物学的評価に際して,より敏感な違いを示した.環境要因としての材質の物理的諸性能,特に熱伝導率や熱容量の差異が生理的,心理的に非常にデリケートな分娩から哺育期における乳仔に起こる成長や臓器の発達に

影響したと評価されている．

図8.7はコンクリートケージを行き来ができるように二分して種類の異なる床材料を配したときに休息の場としていずれの床を選択したかを2時間ごとに2日にわたって観察したものである．黒い部分が休息している数で，動いているものは二分してある．このようにマウスは各種床材の嗜好性試験では休息の場として木材を選んだ．このように繁殖試験による居住性の評価順位と嗜好性の順位が一致していることは興味深い．前者が環境で生じる生物反応に基づく順位であり，後者が動物自身の選択による好みの順位である．動物は自身の生存に適する環境を生活の場に選ぶものであり，当然生理的にも有利な環境を求めて巣作りもする．マウスが接触している床面の熱伝導，吸湿性などが生理的に適しているかを肌で感じる能力を備えていたと考えられる．

近年の学校教育環境の調査では木造校舎から鉄筋コンクリート造校舎（RC造校舎）に移動した教師の評価から鉄筋コンクリート造校舎が落ち着いて学習できない環境であることを示唆している[10]．それを木製とコンクリートの各ケージでのマウスの状態と行動の主な差異を比較すると，表8.5のように驚くほどの類似性が認められる．

b．機能性重視の危険性

住宅のなかで居住者の健康にかかわる課題は大きい．それは使用される材料にあっては使用時および廃棄後に問題になる有害物質であり，大きくは地球環境保全といった視点での要件（後述のエコマテリアル）に集約される．わが国のアスベスト製品，塩化ビニル製品，グラスウール，ホルマリンなど規制，管理への対応はいちじるしく低い．それは供給する側の安直な効率やクレーム対策や居住者の一面的な機能性重視の産物でもある．創り出される居住環境についても，一つの機能性重視が環境負荷や健康衛生上の問題を引き起こしていると思われる例も少なくない．

木造住宅の多様化は居住環境，住人の生活する上での対応の多様化も意味する．高気密，高断熱，遮音のような機能性の付与が重要視されるようになってきた．しかしながら高気密，高断熱は扱いを間違うと換気不足，結露，カビ，ダニといった危険と隣合せである．また，小児ぜん息，アトピーなどに関係するダニやほこりの発生が住宅の床材料に関係するといわれだしてから木質系のフローリング

表8.5 各飼育でのマウスの状態と行動の主な差異とRC造校舎の評価

	木製飼育箱	コンクリート飼育箱	RC造校舎についての教師の感想項目	
しっぽなどの温度	温かい	冷たい	うるさい	子供が落ち着かない
乳児の皮膚表面	さらさらしている	べたべたしている	声がこもる	湿気が多くなる
つかまえたとき	比較的静かにしている	あばれることが多い	冷たい	すべりやすい
共同生活させたとき	おっとりしている	けんかが目立つ	疲れる	硬い
母親の授乳	ゆったりと与える	授乳時間が短い	あぶない	掃除の方法が変わる
母親の飼育	子をかき集める	かき集める度合いが少ない		
活動	木部をかじる	金網をかじる		
給水	給水の減少が早い	比較的遅い		

がにわかに注目され，高級感や自然志向の順風下で人気を博した．しかしながらそれは上下階の騒音の問題を生み，遮音性能を高めるという目標に向かって熱い競争がなされている．快適で静寂な環境を求めるという都会の生活者の要求が遮音のトラブルを顕在化し，L55さてはL50と数値の一人歩きの感がしないでもない．特に木造住宅の共同住宅にあっては遮音性能向上に対する要求は強いが，あるレベルの確保は必要としても成長過程にある子供の生活環境として，過敏な人間をつくらないためにも，「ほどほど」も重要で，設計者，発注者の見識が重要になってきている．特に住宅の機能のみを追求するのではなく，住い方が重要であることは十分認識されねばならないであろうし，共同住宅にあって住い方のルールが人間性の形成，教育に果たす役割は決して少なくない．

高気密，高断熱は人間が外気と分離して生活するということであり，地球上の生物としての調整機能を知らないうちに失ってきていることになりかねない．高気密，高断熱は暖房，冷房による快適性追求とエネルギーの負荷軽減の手段としては間違いではない．しかしながら注意しなくてはならないのは評価が冷房や暖房などのエネルギー効率といった比較的分かりやすいものに片寄りがちであり，ともすれば現在の生活を前提としたエネルギー使用自体が本来環境保全で問われていることを忘れがちであることである．暑いときは汗をかけばよいとか，寒いときは身体を動かせばよいといった自然共生型の生活は評価しにくい．すなわち人間の欲望の限界やあるいは共存のための耐えうる限界などの設定が難しいことが多いので評価が不明確になりがちである．環境共生住宅の自然通風や換気，厚い板などでの断熱，ひさしあるいは樹木による遮熱，太陽熱の利用など，いわゆるパッシブな環境調和は都市部では困難な面があるが重要な課題である．かつてのわが国の風景であった廊下のひなたぼっこや夕涼みを可能にする開放型居住空

間への課題は近年進められてきた設備に頼る快適性追求との隔離ではなく，状況に応じた接点を求める視点が必要である．

ここ数年，各地で生じる夏の暑さと水不足が，冷房が冷房を加速させている現実と無関係であるとはいい切れまい．また，アトピーや花粉症は人間自身が生態系を変えてきたことに起因していることは間違いなさそうである．

c．住宅の耐用性確保と維持管理

近年，わが国の住宅の解体までの年数は20〜25年であることを述べたが，それは住宅が腐朽や白蟻の被害によって朽ち果てたというような物理的な耐久性が主な理由ではない．耐用年数を支配しているのは住宅の物理的な耐久性と，住い手にとっての利便性の欠如，設備の陳腐化，すなわち機能的耐久性にある．

1）生物的劣化と物理的耐久性

木造住宅の物理的耐久性の欠如はその実態からみると雨漏りや漏水については施工の初歩的なミスと使用者の使い方あるいは手入れの仕方などの維持管理に大半の要因がある．すなわち，木材の耐久性に問題があるのではなく，木材を使用するときの耐久的配慮のなさに問題がある．

木造建築物を腐朽，白アリの被害，すなわち生物劣化から守るには以下に示す

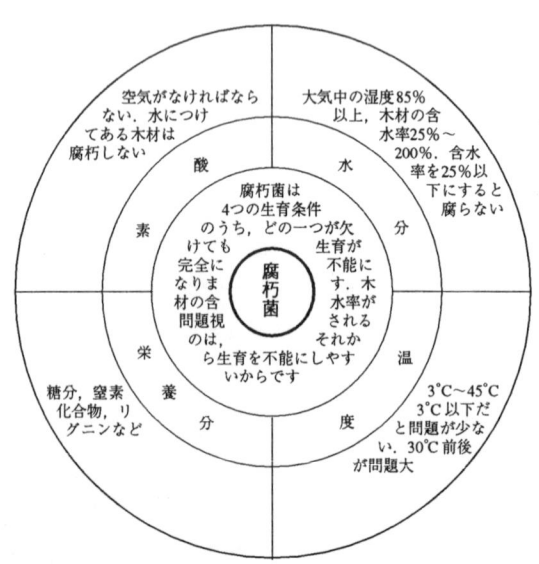

図8.8　腐朽菌の生育条件

ような適切な構造法による措置と木材および木質材料などを薬剤によって処理する方法がある．防腐薬剤処理は必要最低限とし，可能な限り構造法によるようにするが，それは薬剤による環境汚染を防ぐためである．この構造法による防御はこれら生物の生態の特性から考慮されたものである．たとえば腐朽菌は図8.8のような環境で生育できるが，われわれの生活している環境に隣接しているので，主として水の存在すなわち，水の浸入と停滞を起こさないようにするのが被害を受けないための基本原則である．既存の技術，管理の上から困難なときに薬剤処理によるというのが基本である．特に薬剤は毒性の危険性が存在するので，薬剤の散在を防ぎ，回収を進めるには施工から解体廃棄までの管理されたシステムが必要と思われる．

　ⅰ）構造法によるもの：建築物の屋根・内外壁・床・開口部・水廻り部分など防雨・防水・防露を施し，小屋組・軸組・壁組・床組の内部が乾燥状態に保たれるよう換気・除湿などの配慮をする．

　ⅱ）薬剤処理法によるもの：木材防腐剤，防蟻剤を用いて，加圧注入・浸せき・吹き付けならびに塗布などの処理を施す．

　木質構造で腐朽しやすい箇所および構造としては以下のようなところである．

　ⅰ）一般に日照・通風の悪い箇所

　ⅱ）雨露にさらされやすい部分，たとえば直接外部に接している外壁，軒先など

　ⅲ）常時水分が使用され，水分の停滞などが生じやすい炊事場，便所，浴室など

　ⅳ）腐朽は北側が最も表れやすく，次いで西側・東側・南側の順番になる

　ⅴ）モルタル塗り大壁構造が真壁構造に比較すると腐朽しやすい

　ⅵ）内部結露の生じる恐れのあるところ

2）耐用年数確保のための体系

　住宅の耐用年数を延ばすためには物理的な耐久性と機能の耐用性の確保が重要である．特に建築物は短時間の消費材ではないので，次代に受け継ぐためのルールや共存するためのルールが必要になってくる．すなわち耐用性の高い住宅を生産，供給，維持管理するシステム，たとえば図8.9に示したCHS（センチュリーハウジングシステム）のような基本体系が必要である．そこで提案している基本的要件は次のようである[11]．

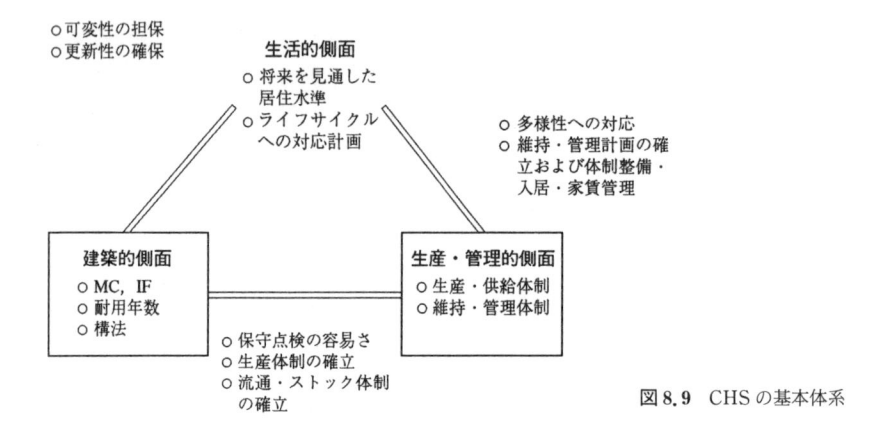

```
○可変性の担保
○更新性の確保                 生活的側面
                     ○将来を見通した
                       居住水準
                     ○ライフサイクル       ○多様性への対応
                       への対応計画       ○維持・管理計画の確
                                         立および体制整備・
                                         入居・家賃管理

    建築的側面                    生産・管理的側面
    ○MC, IF                    ○生産・供給体制
    ○耐用年数                    ○維持・管理体制
    ○構法
                ○保守点検の容易さ
                ○生産体制の確立
                ○流通・ストック体制
                  の確立                  図8.9 CHS の基本体系
```

i) 物理的耐久性と機能的耐久性の両者が調和がとれかつ優れていること，

ii) 家族変化に伴うニーズの変化に対応するための住宅計画上の可変性が適切に組み込まれていること．

躯体や各部位ごとに耐用年数を設定している．この設定耐用年数のもつ意味は「何年もつ」という耐久性を保証するものではなく，「何年もたすための仕組み（システム）を有している」ということを意味する．すなわち，維持管理はどのような役割分担をになっているか，補修交換ができるようになっているのかなどである．MC（モデュラーコーディネション）は補修や交換するときに不便が生じないように寸法をルール化しておくことで，IF（インターフェイス）は耐用年数の短い部材や部品を取り替えるときに耐用年数の長い方を損傷しないですむように取合いのルール化を前もって取り決めているのである．点検，補修，交換などの維持管理における約束事を設計段階で取り決めているのである．

8.3 住宅と地域環境

a．もう一つの木質資源である木造住宅

森林で形成された木材は伐採後都市に移動する．森林における木材資源は一次的に消失するが，再び植林によって新たな木材資源のストックが開始されることになる．一方，木質資源という尺度で考えると木造住宅などは木質資源の長期保存に相当する．日本は木造住宅が多いので，都市にストックされている木材は炭素換算でおよそ1億5,000万トンで，それは日本の森林での木材蓄積量6億8,000万トンの20％強であり，人工造林木3億1,000万トンの50％弱になって

いる[13,14]．この住宅として都市にストックされている木材が解体された時にゴミか，資源かが問われている．永続的な資源確保への努力と環境保全のための適正な利用の共存が要求されるなかで，伐採から焼却までの時間を長くすることは森林の樹木に十分に成長する時間を与えることになる．すなわち，耐用年数が長い利用，あるいは解体材を再資源として活用するカスケード型の利用の意義・効用は重要である．

b．木質資源のリサイクルの視点

資源をリサイクルすることの意義は，① 資源の枯渇性，② 生産に要するエネルギーの節約，③ 有害物質の流出防止，④ 投棄，保管場所の不足などが挙げられる．

木質資源のリサイクルに期待する効果としては化石資源や稀少資源に比較すると，① 資源の枯渇性に関する量そのものは先にみたようにウエイトは少ないようにみえる．また木材は焼却や腐朽などによってCO_2に戻るので，一般の窒素酸化物や硫黄酸化物のように，③ 有害物質の流出防止のために管理された廃棄物処理やリサイクルが必要ということも少ない．しかしながら，優良な木材の不足枯渇，あるいはエネルギー資源としてみるならば化石資源に問われている枯渇が木質資源にも及ぶことは十分考えられるので資源を大切に使用することは基本である．また，大気中へのCO_2の放出をなるべく抑えるという地球環境保全のためには，リサイクルによって固定したままの状態に保つことも重要である．

木材が炭素化合物であることから環境保全，気象変動でなじみのあるCO_2やCストック（炭素収支）としてとらえておくのが一つの指標である．このCO_2発生に関係の深いのがエネルギー消費である．建築資材についてみるならばアルミニウムはその生産過程で多くのエネルギーを消費する．したがってアルミニウムをリサイクルすることは，② 生産に要するエネルギーの節約にきわめて影響が大きい．一方，木材は生産過程でのエネルギー消費が少ないので，木材のリサイクルによる節約効果は一般的には少ないと予想される．効果が期待できる場面としては解体材に手を加えずに利用したときの切断や切削加工のエネルギー軽減や，乾燥に要したエネルギーが軽減されたときである．図 8.10 のように各種木質材料を生産し，利用するには何らかの加工がなされる，特に角材→板→チップ（削片）→繊維といったカスケード型の利用になると必要とするエネルギーが増してい

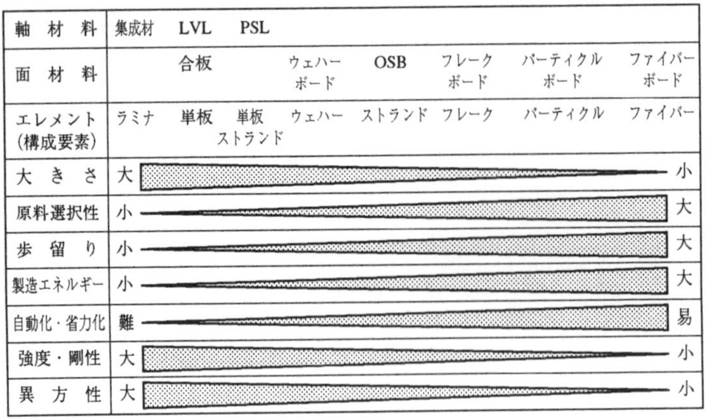

軸材料	集成材	LVL	PSL				
面材料		合板	ウェハーボード	OSB	フレークボード	パーティクルボード	ファイバーボード
エレメント（構成要素）	ラミナ	単板	単板ストランド	ウェハー	ストランド	フレーク	パーティクル	ファイバー
大きさ	大 →→→→→→→→→→→→→ 小
原料選択性	小 →→→→→→→→→→→→→ 大
歩留り	小 →→→→→→→→→→→→→ 大
製造エネルギー	小 →→→→→→→→→→→→→ 大
自動化・省力化	難 →→→→→→→→→→→→→ 易
強度・剛性	大 →→→→→→→→→→→→→ 小
異方性	大 →→→→→→→→→→→→→ 小

図8.10　木質材料の種類と特徴

く．したがって木材が資源的に全く枯渇の心配がないならば，リサイクルなどせずに新材で使用した方がエネルギー的には有利になることも考えられなくはない．しかしながら，優良原木の不足の趨勢のなかにあって原材料の選択性の広い木質材料は資源的な面から有効利用は重要である．特に，注目すべき点は先述したように木材が大気中の二酸化炭素（CO_2）を炭素化合物として固定したものであることにある．解体材を単純に焼却したときのCO_2の発生量は解体材を木質材料にカスケード利用するときに要するエネルギーから換算したCO_2を上回ることも少なくない．すなわち固定したままの効果がリサイクルによって生まれることになる．

現在，わが国で解体材や廃材あるいは紙の廃棄問題はその都市の焼却処理能力を超す量と，最終処分の，④ 投棄，保管場所の不足，などが挙げられる．かつて，戦後のものの不足していた時代にはゴミの中に少なくとも木材の端材を見出すことはなかった．燃料に不足していたから木材は貴重であった．現在でも発展途上国のゴミ処理場では木材はもちろん，木屑ですら見出すことはきわめて困難である．ところが近年のわが国の豊かさは皮肉にも建築解体現場や建築土木現場で発生した木材，あるいは不要になった家具など，都市から排出される木材や紙が廃棄物として溢れ出る状況になっている．そこには有り余る資源を前提にした「大量生産，大量消費，大量廃棄」という利便性，経済的な効率至上のツケがある．木質材料は原料形態が素材-製材-板-削片-繊維というように基本的にカスケード型をなしている．したがって木質資源に異物が入り込んでこない限り木質材料の

生産はカスケード型の組み合わせをとることができた．すなわち，パーティクルボード工場は合板や製材の端材をチップ原料にし，パルプ工場も製材端材からチップ原料を得ることも少なくなかった．合板，パーティクルボードや繊維板などの木材工業での端材，のこ屑はその工場内での補填エネルギー源として利用処理されてきた．現在も樹皮（バーク）や端材の利用が採算上はともかく，木材工業のなかではほぼ原料の流れが確立されているといえよう．したがって，建築物，家具あるいは紙といった木材工業の範囲外に木質材料が出ていき，解体，廃棄されたとしても，木材工業における原料形態になって集荷，再生されてくるならばその利用上の問題はほとんどないといえるであろう．木造建築物やパレットなどの解体材から異物を除去した解体チップ（再資源化原料）がパーティクルボード，繊維板，木片セメント板などの原料チップや木質燃料として利用される実績は多い．このように原料形態が整えば技術的に問題なく，再資源として生かされるが，利用されるための条件が整わないと投棄，焼却される．要は建築物，家具のような木質材料を利用した製品の資源のストックの仕方，再資源としての評価とその集荷と異物の除去といった技術的な問題と並んで，環境保全，資源エネルギーの適正利用のための社会全体の有機的な連携が重要といえる．

表8.6 解体, カスケード利用, 建て替えにおけるエネルギー, 資材投入, C保管とCO$_2$（C換算）放出例

	解体 焼却 建て替え	解体 焼却　　1/2 再利用　1/2 （古材） 建て替え	解体 焼却　　1/2 再生利用　1/2 （多エネルギー） 建て替え[*1]	解体 焼却　　1/3 再生利用　2/3 （多エネルギー） 建て替え[*2]
放出 C	50+80=130	25+80=105	25+77+15=117	17+76+20=112
保管 C	50	25+25=50	25+25=50	25+25=50
投入 C	50	25	25	17

建設に資材エネルギーからのC　80 kgC/m^2（木材の製造エネルギーは6 kgC/m^2）
保管されていたC（木材）　　　50 kgC/m^2
建設で投入されるC（木材）　　50 kgC/m^2

[*1] 多エネルギーは再生利用が5倍のエネルギーを要した場合を想定し，新規投入木材の製造エネルギーの6 kgC/m^{2}の1/2をそれでまかなったとき．

[*2] 多エネルギーは再生利用が5倍のエネルギーを要した場合を想定し，新規投入木材の製造エネルギーの6 kgC/m^{2}の2/3をそれでまかなったとき．

c．解体資材のゴミ問題とカスケード型利用

　解体材を再資源として活用するカスケード型の利用の意義・効用は次のようになる．表8.6は住宅の解体，カスケード利用，建て替えという一連の行為におけるエネルギー，資材投入などの移動をC保管とCO_2（C換算）放出について簡単な試算をしたものである[15]．カスケード利用は，バージン材の使用量を抑え，解体材などによる廃棄物による環境負荷を軽減する．一般に解体材を用いて木質材料に転換するとき，原料形態が木材素材から離れるほどエネルギーの消費量は多くなる．しかしながら廃棄の最終処理である焼却に伴うCO_2の発生の大きさから考慮すると再利用に要するエネルギー負荷はかなり許容できる．化石資源や鉱物資源のように，そのリサイクルが資源枯渇，エネルギー消費の軽減，廃棄物の生態系対策にあるのに対し，木材の再利用はストックされていた炭素の焼却に伴うCO_2の発生を抑えることに重点があるといえよう．木材は再資源化，再生利用への道がともあれ用意され，最終的に埋め立てするときも焼却によってほとんど無害な灰分の量に縮小され，生態系への影響が少ない．しかしながら，現在このように基本的に生態系のサイクルにあり，将来にわたっても生活資源としての共存できる可能性をもつ木材ですら，旺盛な人間活動の前で廃棄物処理は大きな課題となっている．木質廃棄物についてはその抑制，再利用，処理は実行しようという立場に立つならば技術的に可能であり，どの道をとるのが経済的な負担が少なく，その地域の街づくり，環境整備にどのように還元できるかという問題といえよう．別のいい方をすれば資源の溢れるわが国の現況で，廃棄物問題を市場経済あるいは効率で論ずることは環境保全の問題を回避していることに等しい．

d．木質資源リサイクルの課題

　建築物からの解体材のリサイクル（カスケード）利用を図るうえでの問題は次のような点が挙げられている[16]．

　1）排出される木くずの質的な変化，すなわち形状が小さく，異物の混入が多く，かつ多種類になっている．木材チップにする場合には釘のように磁石による選別除去が行えるならば問題は少ないが，非金属，プラスチック，セメント，石膏などは選別が困難で技術的に解決すべき点が多い．

　2）機械解体と手解体では木くずの形態，すなわち製紙用，ボード，燃料チップ，あるいは単なるゴミのように価格，量までも大きく異なってくる．したがっ

て，解体材の質による区分を設け，適正利用をはかる必要がある．地域によって解体時から利用を意図した方法をとるところと，それを考慮しないところがみられるが，その差異は再利用の受け皿があるかによっている．

3) 解体，整地に要する時間が十分なかったり，あるいは人手不足で手壊しや選別の時間がとれないため機械解体に頼ることが多い．その結果，損傷や異物の混入を招き，同時にトラックの積載がかさみ，ゴミを生じ，再利用へのリサイクルをしにくくしている．すなわち廃棄物問題を経済的，効率主義の視点でみる限り，再利用を推進する力になりにくく結果的にゴミを生じるので，環境保全と資源問題ととらえなければならない．

4) 発生，集荷が個別散在的で，季節変動があり安定した量と質が得にくい．したがって，再利用の受け皿である個々の企業としては採算上，新しい原料（たとえば，製材品やバージン材チップ）が豊富にあるなかでは，解体材利用には技術的リスクの少なさの確証と安価で量が確保されない限り消極的で，あえてリスクを冒したくないという傾向にある．すなわちボード，製紙用再生チップの価格はバージン材との競合関係あり，燃料は化石燃料との競争があるため，外国市場，為替変動などによる影響が大きい．しかしながら，このような市場の価格形成に再利用を期待していては廃棄物の問題は解決しない．

5) 居住区の都市化によって木くずの再生処理業の立地条件，処理時間や騒音対策に困難な状況を生じている．遠隔地による運搬や稼働時間の制限など処理に対する負担が大きくなり，再利用資源としての価格形成が不利になっていく傾向がある．木くずが一般廃棄物と産業廃棄物の両方に位置づけされていることから焼却処理施設のゴミ処理と解体材再資源化の有機的なつながりが十分でない．

6) 木質材料を製造する企業として現状で解体材を使う必然性は原料の確保，原料価格としての評価であり，技術的なリスクとバージン原料との価格バランスで決定される．したがってバージン原料が価格や量で安定していれば，都市が排出した木くずはゴミとなる危惧を常に有しているので，単純な原料の価格競争におくことは環境保全の本質を避けていることになりかねない．

7) リサイクル資材を用いた最終製品を消費者が積極的に購入する，さらに進んで環境保全のために少々価格が高くてもという社会的な姿勢がまだ希薄である．日本の社会全体の効率，経済優先の仕組みのなかにあっては直接価格負担といった荒療治や環境教育にかかわる仕組みの構築ができるかどうかである．

e. 地域環境保全のための住宅の解体,再利用の視点

以上のような現況をもとに住宅の地域環境保全のための課題を木質廃棄物を例に整理してみたい[17]。

i) 建築物を解体しない 建築物からの廃棄物を出さないための最も基本は建築物を解体しないことである。しかしながら建築物が使用されるものである以上,劣化あるいは機能性の陳腐化は一般に防ぎ得ない。そこには維持管理,補修を想定した設計行為が必要である。その場合も維持するに要するエネルギー,資源,環境負荷を評価する必要があり,その大きさによっては解体の方が好ましいこともありうる。しかしながら,そのとき現在の大量生産,大量消費,大量廃棄自体が環境保全で問われていることを忘れてはならない。

ii) 解体するまでの時間を延ばす(耐用年数の増加) 解体されるまで保存されていた時間,すなわち耐用年数が伸びればストック量が増加するので,新設着工数を徐々に抑えることになり,ストックとしての全戸数を維持しながら新設着工戸数の段階的な減少が可能になる。当然のことながら除却量も減少に向かう。このようなスクラップ・アンド・ビルドの量を求める体制から,ストック型の耐用年数増加や維持管理充実に移行していくことはきわめて効果が大きい。

iii) 解体しても,なるべく原形に近い形で再利用する そのまま使用すれば材料としてのエネルギーの消費は最も少ない。再利用の評価には再生のために要したエネルギーと再生品としてのストックの大きさと再生品を再び解体廃棄したときの影響が重視される。

iv) カスケード型利用の再生製品は可能な限り耐用年数の長いものにする 構造部材,非耐力部材の順で,しかも断面,形状の大きいものを優先させる。この場合紙への再利用はその耐用年数が概して短いものが多いが,紙の消費が多いだけに資源面からの評価はきわめて重要である。

v) 焼却の場合は最低でもエネルギー利用に振り向ける 木材を直接燃焼させて熱利用する方法は従来より行われてきた。地域的な熱利用,発電など地域事情に応じた対応こそ廃棄物処理の原点であり,焼却時のエネルギー利用はエネルギー効率は劣っていても化石燃料の消費を抑えることになる。

vi) 炭化は安定化した炭素保存となりうる 木質系材料を焼却し,CO_2と灰にする減容化は最終投棄場所の問題と絡んで重要である。しかしながら,なるべくCO_2の放出を抑えるという立場に立つならば,炭素として残す木炭は一つの方

法である．木炭は熱，生物による分解などに対して木材と異なって安定性が高い．特に炭の断熱，吸湿，保水，油吸着，土壌改良などの機能性付与はプラス要因になる可能性が示されている．

vii) 単なる焼却は可能な限り避ける　以上みたように，木質廃棄物の抑制，再利用，処理は実行するという立場に立つならば可能であるが，要はどの道をとるのが経済的な負担が少なく，その地域にどのような還元が可能かという問題になっているといえよう．先に述べたように，資源の溢れるわが国の現況で，廃棄物問題を市場経済あるいは効率で論ずるのでなく，環境保全のあるべき姿に向かってどのような負担を担うか，再資源化技術，再利用技術を生かす仕組みの検討が重要である．

f．地球環境保全における生物資源の役割

地球環境保全時代といわれるのは都市の発展，人間の豊かさ追求，経済活動は基本的に資源およびエネルギー消費そして生態系の破壊の側面をもっているからにほかならない．したがって地球環境保全の本質は生態系における共存のために「簡素」「自己抑制」「自然への敬意」といった，経済的価値や効率とは異なる評価尺度をどれぐらい重視するかにかかってくる．これらが機能するには「新しければ良い」を容認する消費体系を改め，「古いものほど価値がある」「手入れをしたものは価値が下がらない」というような社会常識が成熟していくことが必要であると同時にそれに耐えられる物理的，機能的耐久性の高い製品の生産と維持管理に改めていく必要がある．と同時に，資源の再利用，カスケード型に適するような材料構成などが考慮されるべきであろう．それには将来にわたる人間活動や人類の将来の生存の持続性を共通認識できる「生態系に調和あるいは共存しうる材料」（エコマテリアル）の以下の要件を念頭におく必要があろう[18]．

① 資材生産に要するエネルギー量が少ない
② 資材の生産工程で環境汚染がない
③ 資材の原材料が再資源化できる
④ 資源を過剰に消費しない
⑤ 使用後あるいは解体後の廃材が再利用できる
⑥ 廃材の最終処理での環境汚染がない
⑦ 原材料の持続的な生産ができる

⑧ 使用する人の健康に悪影響をもたらさない

　ここで重要な点はエコマテリアルの概念はマテリアル（材料）あるいはその材料がもっている性質や特性のみを意味しているのではなく，人間活動の中でそれが機能しているかが問題である．すなわち，本来環境調和型の材料であるにもかかわらず，その効用を忘れてきたか，あるいは目先の利便さの追求でその効用を殺してしまったとするならばそれはエコマテリアルとはいいにくい．本来，生物資源はこれらの要件に照らしたとき，ほぼ満足する．しかしながらわが国の住宅の耐用年数の低さや建築廃材や古紙が抱えている都市におけるゴミ問題をみるならばエコマテリアルであるとはとてもいえまい．処理，再生などの処理技術の問題だけでなく，集荷，分別といった社会システムが機能したときにエコマテリアルとして確たる評価がなされるといえよう．生物資源以外の製品が持続的生産が困難であり，資源枯渇，負荷軽減，廃棄処理から製品計画を見直すことこそエコマテリアルとしての視点であることからみるならば，生物資源はかなり恵まれているといえる．それは人間生活を支える資源消費と環境保全の共存という困難な課題に対して生物資源が人間の努力によって持続可能にしうる可能性を有しているからである．

〔有馬孝禮〕

III. 環境編

9. 人間と自然・緑のアメニティ

9.1 ポスト・モダニズム下のアメニティ

a．アメニティの観念

アメニティ（amenity）は19世紀後半以来の英国の都市・農村計画において形成された環境の快適性についての観念である．

英国では産業革命以後，悲惨なスラム街が形成され，伝染病などが蔓延し，都市改造の動きとなる．1848年に公衆衛生法，1851年に住宅法が制定され，公衆衛生の観点から住宅が改造される．各自治体で条令がつくられ，労働者街が改造されるようになる．しかし，その住宅街は衛生的であったが実用本位のもので，緑やオープンスペースへの配慮はみられなかった．1898年にハワードの田園都市論が出版されるが，田園や自然を指向しつつある時代状況のもとで，その居住環境は新興中産階級の人たちの抱くイメージに合わず，彼らの多くは緑ゆたかな郊外を求め移動していった．

そして，1909年に衛生，利便性とともにアメニティの確保を目的とする都市・農村計画法が制定される．この法律によって，田園に一軒家を建てたり，良好な住宅地に不似合な低質な家を建築したりするような行為を，アメニティの阻害を理由に規制することができるようになった．

このアメニティは英国人にとっては当たり前すぎて，かえって定義しにくい観念であるとされる．英国の代表的な都市計画家ウイリアム・ホルフォード卿は，あえていえばと断って，「アメニティとは単に一つの特質をいうのではなく，複数の価値の総体的な目録のことをいう．それは芸術家が目にしたり，建築家がデザインする美，歴史が生み出した快い親しみのある風景を含み，ある状況のもとでは効用，すなわち，しかるべきもの（たとえば住居，暖かさ，光，きれいな空気，

家のなかのサービスなど) がしかるべき場所にあること, すなわち, 全体として快適な環境をいう」と定義している.

　すなわち, アメニティとは, 全体として快適な環境のことをいう. そこでは感覚的・生理的な面ばかりでなく, 精神面も重視される. また, 空間的な面ばかりでなく, 時間的な面も問題にされる.「しかるべきものが, しかるべき場所にある」とは, 相応の機能をもつものが相応の場所にあることはもとより, それがその置かれている文脈のなかでその文脈を乱すことなく, 生き生きと息づいて存在していること (合文脈性, 文脈性) の含意をもつものであろう. そして, 時間的な文脈を構成するものとしての歴史的な要因・要素——地域がつくり, 育み, それゆえ地域独自の個性が表出され, 人々がそれを誇りに思い, その心が安らぎ, なつかしく感じられ, 自身や地域の自己同一性 (identity) の確認できるようなもの——も重視されているようにみえる.

　アメニティの観念には, 歴史的に公害, 衛生問題がある程度解決されたあとに形成されたという経緯がある. しかし, それらが未解決の場合には, 重大なアメニティの阻害要因となる. なお, アメニティの語源は, 愛を意味する amare にまで遡ることができるという. アメニティには愛が刷り込まれているのである.

b. ポスト・モダニズムの時代状況とアメニティ

　近代では工業化・産業化が推進されるが, その基礎となる技術ではその適用領域が目的のために切り取られ, 機能性を主導原理とする効率・能率性が追求される. そこでは操作対象にないもの, 対象の置かれている全体的な状況・背景といったものは無視され, 対象は周囲との関係性から切り離され, その文脈性が断たれる. そして, 機能主義では普遍的なもの・量的なものが追求され, 質的なものは無視されるか量的なものに還元されてしまう. そこでは歴史や個性といったものは無意味なものとなり, 事物のもつ存在価値は否定され, その自己同一性が失われることになる.

　人間では, その属する地縁的, 血縁的な組織や集団の規範や慣習, すなわち共同体的な関係のなかで日々の生活を営み, その生活をとおして自身にかかわる関係性を築き, それを集積させながら, その感性を育むといった, 地域における具体的な住民・生活者としての存在から, それを払拭し, 経済原理のもとで経済原則にしたがい, 合理的, 機能的に行動する孤立した抽象的個人となる.

そのような抽象的個人の生活空間では，地域の人々の思いや生活の刷り込まれた歴史や文化，個性といったものは無視され，その景観にその時代や地域の人たちの生活にかかわる全体的な価値観が反映・表出され，その文脈のなかで日々の人々の実感的な生活が営まれるといったことも起こらない．そこはただ，経済合理的な原理のもとで働き，動く人々のアクティヴィティ（活動）のための機能的，無機的な空間となっている．

近代ではまた，技術の主要な対象となる非生命系が重視され，生命系が軽視される．公害問題，自然・環境問題の招来は人間が生物的存在であること，その人間の生物的，文明・文化的な生存やそのゆたかな発展のためには生態系という総体的な自然の環境の保全が必要であること，そして，その生態系は多くの種類の生きものたちがそれぞれのニッチ（nichi，生態的地位）にあって全体として一つのシステムをつくるものであり，人間中心主義的な考え方の克服されるべきことなどへの認識を高めている．

以上のような近代において招来される生活空間上におけるさまざまな問題は，そのまま今日のアメニティ形成上の課題となって現れている．先のアメニティの定義もその問題点のいくつかを浮き彫りにするものであろう．わが国では労働時間が短縮し，自由時間が増える傾向にある．仕事中心の考え方から生活重視への動きも出ている．また，高齢化社会を迎え，地域における住民・生活者として暮らす人たちの数の増加も見込まれている．アメニティ性の高い生活空間整備の必要性がいよいよ高まりつつあるものといえよう．

9.2　人間と自然・緑

a．人間と自然とのコミュニケーション

近代化の展開過程における自然の後退・破壊は人間に深刻な影響を及ぼしている．人間は生物である以上，その脱自然化には限度があり，その生命の健全にして快適な状態での維持には，現在あるような地球表面の物理化学的な条件や食料の供給条件が充足される必要がある．その状態は生物を含めた自然の全システムにおける健全なはたらきによって保障されるが，近代における空前の自然破壊は人間の快適な環境ばかりか，その生存環境まで破壊してしまう恐れがある．

また，前近代では，人間は自然の構造，機能の一環として，それとの原始的な統一状態におかれていたが，そのような状態からの解放として現れる近代では，

自然と人間との間の内的な連関が喪失され，その相互の関係が機能的で冷たいものとなる．近代では自然も社会も全てのものが人為的なもの，人間によってつくられたものとなっているが，人為・人工化の強化は，その補償などとして現実との裏腹の関係に現れるレクリエーション意識において，人間の操作的干渉から自由な，人間の手のつけられることの少ない，それゆえ人間の匂いの希薄な自然が，人々の思惑などとは無関係に，それ自身の生命の秩序・法則にしたがってその与えられたままの姿・性質をどこまでも保ちながらその自然力を発揮する，そんな自然の自然性の発現を希求させることになる．しかし，そのような自然も大きく破壊されつつある現状にある．

今日の未曾有の自然破壊をまえに，自然を人間と完全に独立無縁な対立者として客観化し，量的に分析・把握しようとする機械論的自然観や，自然が実験などによって得られた知識によって徹底的に支配され，利用されるべきであるという近代文明や科学技術の基礎となった自然観は反省を余儀なくされている．自然を生きた全体的・統一的なシステムと見，人間もそのなかの一員として調和して生きていくことのできるような，全体論的・システム的な自然観の構築が求められているものといえよう．

そのような自然観では，すべての価値が大自然から受け取られることになり，自然とのコミュニケーションが不可欠となる．そのコミュニケーションを通じ，大自然からの情報を受け取る．また，自分たちのかかえる問題をそこに投げかけ，自然からの応答を得る．

人間が自己の世界に閉じこもり，自身のために形相を変え，つくってきた自然の事物や人間の社会的・歴史的現実には不都合なものが少なくないが，それらは人間の恣意のままにならない自然の実在性と対峙させることによってしか正すことができない．人間の精神やその営為を対象化し，問題を問題として映し出すことのできるのは健全な自然の存在とそのはたらきであり，人間の健全性は自然との不断のコミュニケーションを通じて保持していくことができるのである．

空前の人口増加と大量の資源消費の現実のまえに，われわれは自然はより注意深く，また巧妙・精緻に人間的な管理下におかれなければならないとの強迫感に駆られがちである．しかし，自然とのコミュニケーションによる不断のフィード・バックを通じて，人間と自然との間の物質代謝や自身の精神の誤謬を正しながら，自身および自然をよりゆたかなものへと発展させていく方向でしか人間の文明的

および生物的な生存を守っていく途はないように思われる．

b．自然の回復・発展と緑

今日，緑は自然とのコミュニケーションをはかる媒体として，また破壊された自然を回復し，そのよりゆたかな発展をうながす媒体として，その担うべき役割はいよいよ大きく，また重要になっている．

緑とはまず，植物個体やそれらのまとまりを意味するものであろう．その主体となる植物は生態系において生産者として動物などの従属栄養にある消費者を養い，そのシステムにおける主導的な役割を担う存在である．緑は環境保全上，多大な機能を発揮している．また，樹木が大地に根を下ろし，季節の変化をみせ，そこに昆虫が集まり，鳥がさえずるのに接するとき，われわれは自然の息吹を感じ，自然とともにあることの喜びや安らぎを覚える．そして，緑の観賞は，緑それ自体との，またその背後にある自然とのコミュニケーションを促すことになる．このような緑の生態系における地位，感覚に訴える性格などから，緑は自然を代表し象徴する合言葉となっている．

そして，今日では，緑はさらに，植物によって被覆されている土地，また植物で覆われることになる可能性の高いオープンスペース（非建ぺい地）を，その土地における植物や野生鳥獣・昆虫・魚類，土壌・大気・水などの自然の構成物全体を含めた生態的な膨らみをもつものとして理解されるようになっている．この緑はまた，それにかかわる各種の活動を引き起こし，それを通じて市民相互間のコミュニケーションを活発化させるといった社会的・文化的な意義をも担うようになっている．

9.3　国民の緑意識の動向——総理府の世論調査から

a．快適な生活環境における重要な要素

総理府の実施した緑に関する世論調査から，国民の緑についての意識をみることにする．まず，快適な生活環境において重要となる要素を「豊かな緑」「のびのびと歩ける道や広場」「さわやかな空気」「静けさ」「清らかな水辺」「レクリエーション施設」「美しい街並み」「歴史的雰囲気」の選択肢から2つを選ばせる調査が1981，84，88，91，95年に実施されている．

図9.1は1995年の調査結果を示したものである．ほぼ全てのカテゴリーで「豊

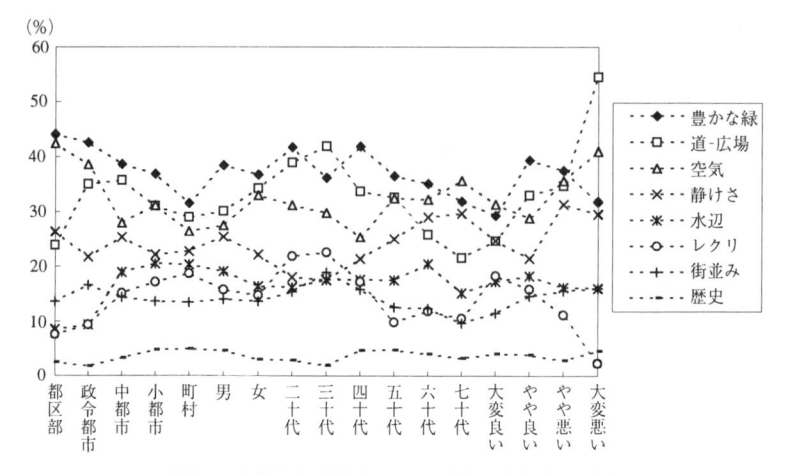

図 9.1　快適な生活環境における重要な要素（1995 年）

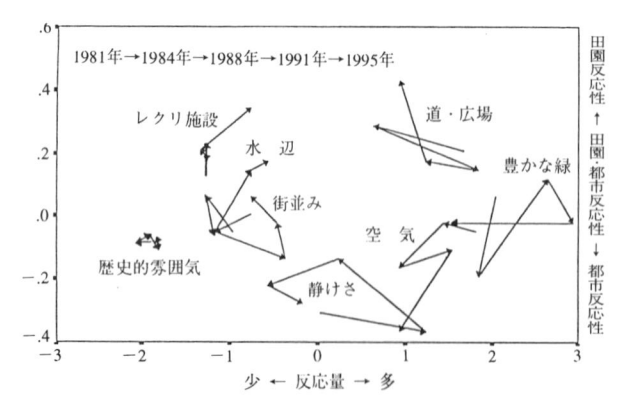

図 9.2　快適な生活環境における重要な要素（選択肢）

かな緑」が最高となっている．都市規模では大都市ほど高くなっている．居住環境とのクロスでは，「やや良い」（どちらかといえば快適な環境だ）と答えた人の反応が最も高く，「やや悪い」「大変悪い」と答えた人で低下し，「非常に良い」とする人で最低となっている．

次に，各調査年分を合わせ，多次元尺度法（MDS）による解析を行った結果を示したのが図 9.2 である．MDS はデータ間の類似性をその間の距離とみなし，その位置関係を空間上に表現するものである．ここでは，その関係を 2 つの軸（二次元平面）でみるものとする．

第 1 軸では正方向に回答が多く表れ，反応量の多寡が示される．2 軸では正方

向に田園，負方向に都市に居住する人たちの反応が高く表れている．都市の人たちは「さわやかな空気」や「静けさ」に，田園の人たちは「のびのび歩ける道や広場」や「レクリエーション施設」に高い反応を示す傾向がみられる．「豊かな緑」はいずれにも偏らず中庸である．各項目相互間の位置関係における変動は小さい．「豊かな緑」は各調査年を通じ最高の反応量をみせ，2軸ではほぼ中庸のところに位置する．経年的には，1981年から84年にかけ都市の人たちの示す反応性を高めながらその反応量をやや減らし，以後，増加する．それが91年から，全般に田園の人たちの示す反応性への動きを強めつつ，中立を保ったまま反応量をいちじるしく減らす結果となっている．

b．緑のイメージ

緑という言葉から思い浮かべる場所や風景の緑を，「森の緑」「高原・野原の緑」「公園の緑」「田・畑の緑」「街路の緑」「社寺境内の緑」「河川や海岸など水辺の緑」「庭やベランダ・窓辺の緑」などの選択肢からいくつでも選ばせる調査が1983, 91, 94年に実施されている（図9.3）．MDSの解析から，1軸では反応量の多寡が，2軸では正方向に「都市的・近代的」な緑，負方向に「田園的・伝統的」な緑が布置される．経年的にイメージ量の増加傾向がみられ，特に83年からの「高原・野原の緑」，91年からの「森の緑」の増加が顕著である．属性では，経年的に「田園的・伝統的」な緑をイメージする傾向がみられる．自然指向を意味するものであろう．91年にかけては明確ではないが，91年から顕著な動きになっている．なお，

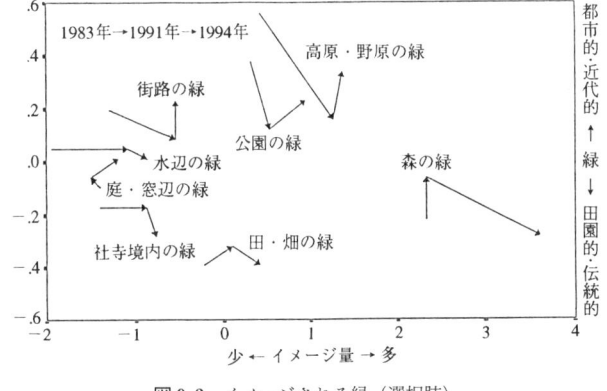

図9.3 イメージされる緑（選択肢）

116 III. 環　境　編

「都区部」ではその動きが緩慢である．

c．見受けられる緑と守り増やしたい緑

日頃，見受けられる緑と守り増やしたい緑について，「公園の緑」「庭の緑」「田畑の緑」「家の近くの森や林の緑」「森の緑」「社寺境内の緑」「街路の緑」「高原や野原の緑」「生垣の緑」「ベランダや窓辺の緑」「河川・海岸などの水辺の緑」などの選択肢から選ばせる調査が前項 b と同様に実施されている（図9.4）．MDS の解析の結果，軸の意味は前項と同様であった．経年的に反応量が増加するが，91年からその勢いが鈍る．2軸では91年から「田園的・伝統的」な緑への反応が高ま

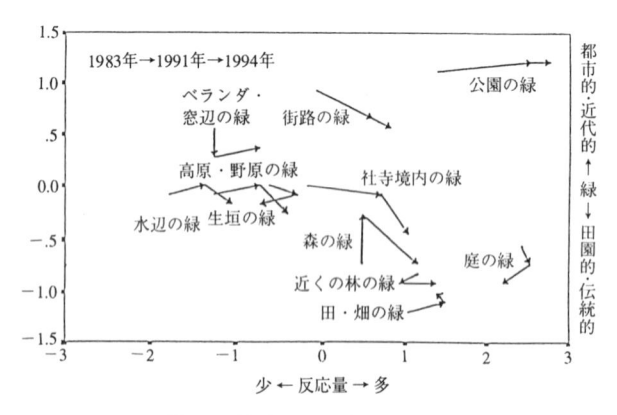

図9.4　見受けられる緑（選択肢）

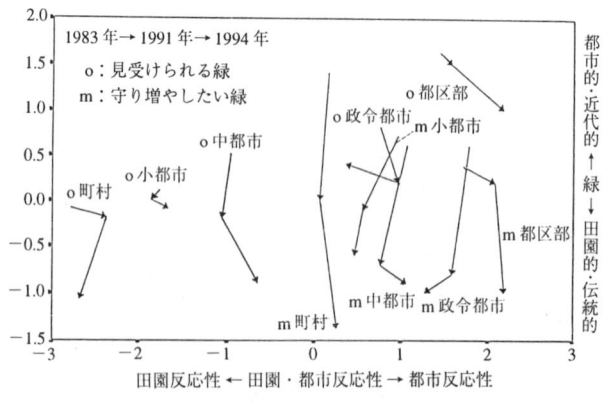

図9.5　見受けられる緑と守り増やしたい緑（属性）

っている．自然指向の動きを示すものであろう．「森の緑」は反応量を増やしながら，「田園的・伝統的」な緑へと方向を転じている．

　守り増やしたい緑でも経年的な反応量の増加傾向がみられる．特に，83年から「近くの林の緑」「水辺の緑」，91年から「森の緑」など自然的な緑の伸びが大きい．他方，91年から「公園の緑」「街路の緑」「庭の緑」などが減少に転じる．ここでも自然指向の動きが特に91年以降はっきりみられる．2軸では91年から先の「公園の緑」「街路の緑」「庭の緑」などが「都市的・近代的」な緑としての性格を強めているが，それは田園居住者などの反応量を減らすことによって起こったものである．

　それを属性でみたのが図9.5である．「見受けられる緑」「守り増やしたい緑」とも，経年的に「都市的・近代的」な緑から「田園的・伝統的」な緑への動きがみられる．ただ，「見受けられる緑」ではその動きが都区部で緩やかで，政令指定都市では91年から反転する．また，94年時点での各カテゴリーの空間的位置関係では，都市規模の大きい順に「都市的・近代的」な緑としての性格が高い位置にあり，その較差も大きくなっている．「守り増やしたい緑」では，経年的に「都市的・近代的」な緑から「田園的・伝統的」な緑への傾斜がみられ，94年時点で各カテゴリーとも空間的にほぼ同じ位置にくる．

d．自然指向と緑の整備のあり方

　以上の結果から，91年から自然指向への動きが明確になってくるのがわかる．ただ，大都市ではそれに沿わないような動きもみられる．「守り増やしたい緑」では「都市的・近代的」な緑から「田園的・伝統的」な緑への動きで，94年時点で各カテゴリーとも空間上ほぼ同じ位置にあり，属性のカテゴリー間での相違がほとんどみられないのに，「日頃，見受けられる緑」では，94年時点での各カテゴリーの空間的位置関係では，都市規模の大きい順に「都市的・近代的」な緑としての性格が高く，その較差が大きくなっている．すなわち，意識上で自然指向が強く出ているのに，実際に見受けられる緑では自然指向への動きが現れていないのである．

　94年調査時と95年のそれとの間に緑を取り巻く情勢に大きな変化がないと仮定し，快適な生活環境における重要な要素の調査で「緑」がその反応量を減らした点についてみると，田園地域などでは都市的・近代的なイメージもあり魅力的

な存在であった緑も全般的な自然指向の流れのなかで地域で当たり前にみられる平凡なものとなってしまい，特に求めたいものではなくなっている．一方，大都市などでは市民の自然指向を満足させるような緑の手当てができていないため，その回答量が減ってしまったと推測することも可能であろう．

　その可能性が高いと仮定すると，田園地域では自然のままでは得られないような魅力ある緑を，大都市域では自然指向にあうような緑を手当てしていくことが課題となるものといえよう． 〔渡辺達三〕

10. アメニティを高める緑のデザイン

10.1 緑の意義と性格

　緑ではいくつかの機能が重なり合って複合的に発現されることが多い．また，その多重的・複合的機能のゆえに緑の求められるケースも少なくない．そして，緑の導入では審美性や自然性の発現という前提の上に他の諸機能についての検討のなされる場合が少なくない．

　緑の伝統的な利用法では審美的，観賞的なものが中心であったが，公害・環境保全対策用などで多用されるようになってからは，特に，その機能面における効用が重視されるようになっている．近年の社会的，文化的な諸要求は緑により多くの機能を求め，見出し，その利用価値を高めている．しかし，人工的諸施設などとの競争では結局，緑が犠牲になってしまうことが少なくない．今日では，その急激な減少がその存在価値を高める結果ともなっている．このような状況のもとで，緑はその存在根拠を示すためにもその機能性を強調することがますます必要になっている．

　生活環境の構成素材としてみた場合，緑は建築や土木などで多用される工学系素材とは対照的な性格を有している．工学系素材が非生命系に属し，その機能の発現が厳格・安定的で，規格に適合するのに対し，緑は生命系に属し，機能発現が曖昧・不安定で，厳密な規格になじまない．緑にはまた生物としての独自な環境要求があり，その使用できる許容範囲がいちじるしく限定される．さらに，その利用上において予測できないもの，不都合なものの発現も少なくなく，密度の高い管理が必要になる．

　以上のような緑は，また，次のような意義・性格を有している．その生長し，変化するさまは，人々に生命の営みについての感動を与える．季節感なども表出される．また，その活動を通じて，その背後にある自然の息吹などが人間に伝えられ，自然からの情報がもたらされる．緑には環境への適応力があり，その応答・相互作用を通じて，環境になじみ，環境と一体化したものの形成にあずかるが，

120　III. 環　境　編

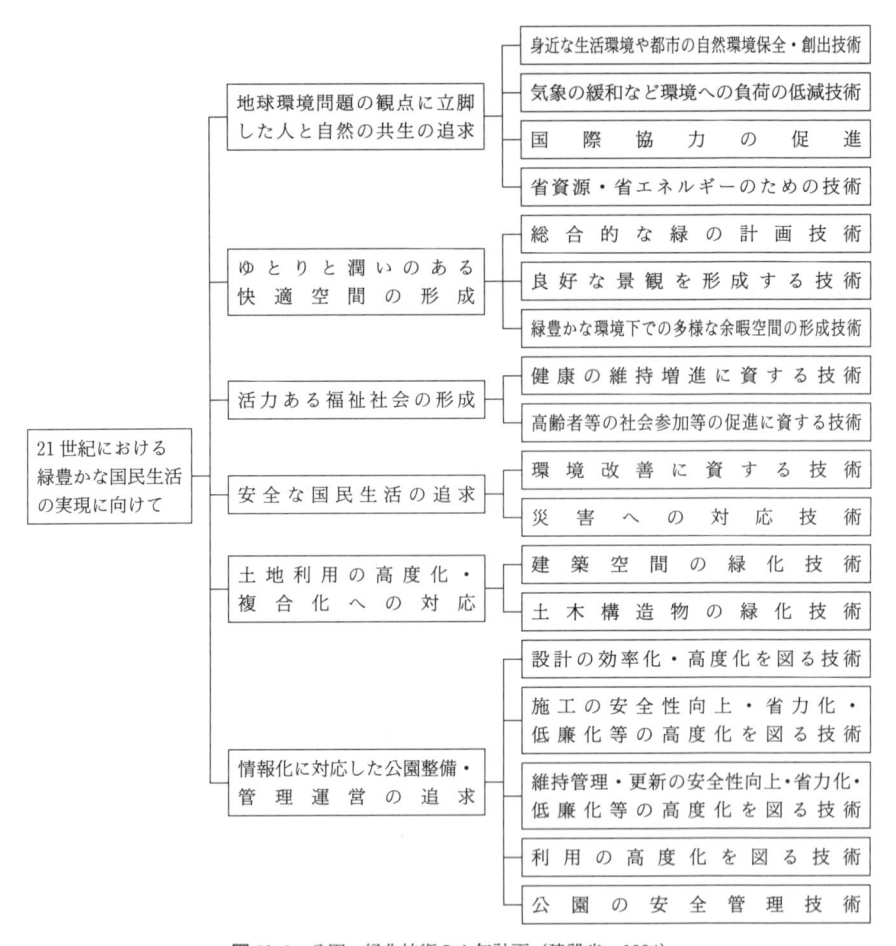

```
                                    ┌─ 身近な生活環境や都市の自然環境保全・創出技術
              ┌─ 地球環境問題の観点に立脚  ├─ 気象の緩和など環境への負荷の低減技術
              │  した人と自然の共生の追求  ├─ 国 際 協 力 の 促 進
              │                          └─ 省資源・省エネルギーのための技術
              │                          ┌─ 総 合 的 な 緑 の 計 画 技 術
              ├─ ゆとりと潤いのある       ├─ 良 好 な 景 観 を 形 成 す る 技 術
              │  快 適 空 間 の 形 成     └─ 緑豊かな環境下での多様な余暇空間の形成技術
              │                          ┌─ 健康の維持増進に資する技術
21世紀における ├─ 活力ある福祉社会の形成   └─ 高齢者等の社会参加等の促進に資する技術
緑豊かな国民生活│                         ┌─ 環 境 改 善 に 資 す る 技 術
の実現に向けて ├─ 安全な国民生活の追求    └─ 災 害 へ の 対 応 技 術
              │                          ┌─ 建 築 空 間 の 緑 化 技 術
              ├─ 土地利用の高度化・       └─ 土 木 構 造 物 の 緑 化 技 術
              │  複 合 化 へ の 対 応
              │                          ┌─ 設計の効率化・高度化を図る技術
              │                          ├─ 施工の安全性向上・省力化・
              │                          │  低廉化等の高度化を図る技術
              └─ 情報化に対応した公園整備・├─ 維持管理・更新の安全性向上・省力化・
                 管 理 運 営 の 追 求    │  低廉化等の高度化を図る技術
                                         ├─ 利 用 の 高 度 化 を 図 る 技 術
                                         └─ 公 園 の 安 全 管 理 技 術
```

図 10.1　公園・緑化技術 5 カ年計画（建設省，1994）

　それによって地域性や個性なども醸成され，表出されることになる．また，その過程で，不自然なものを自然なものに変えていく「自然化作用」なども発現されるようになる．

　そして，緑には，生命や生活などを共にすることに基づく共感などによる心情的なものが形成されやすい．そのため，その使用に際し，冷静・客観的な態度に徹しきれないような事態も生じる．たとえば，自然状態であれば大木となるような樹木を小さなポットで育てたり，街路樹を強度に剪定したり，あるいは廃棄ガスの遮断のために樹木を道路際に植えたりすることにためらいを感じたりするこ

とも起きてくる．

　以上のことはまた，工学系素材が人間の利用目的の機能発現のための純粋な対象として加工・獲得されているのに対し，緑が，人間によって，多かれ少なかれ構成されつくられた構成物・装置ではあっても，人間にとっての純粋な対象，有用性の範疇のものとはなりきっていないことともかかわる．緑は自然と連携し，そこから不断にその自然力の供給を受けることになる存在であり，人間はそれを，その自然とのつながりから断ち切り，完全にわがものとして獲得することができないのである．

　一方，今日では，人々は緑のもつ質的なものの剥奪を意識的に避け，その固有なものの発現を期待するようにもなっている．緑に人間的な価値とはかかわりのない，それ独自なものの発現をみようとする態度も高まっているのである．そこから，緑の尊厳性の観念や，それへの尊敬・崇敬といった態度も醸成されるようになる．そして，そのような条件の成熟のうえに，人間と対等な関係でのコミュニケーションも成立するようになっていく．

　人間の感性を大切にし，生物系の発想を大事にしようとするポストモダニズムの時代の流れのなかで，生活空間における緑の利用もさらに増えていくものと予想される．そして，緑を空間構成上の単なる素材としてではなく，人間と空間・時間を共有する対等なパートナーとしてみていこうとする姿勢も高まっていくであろう．

　文明・文化の進展はより多くのものを緑に求め，その科学的・合理的機能もいっそう追求されることになろう．緑は一方で，そのような人間からの諸要求を受け入れながら，同時に，それがよりゆたかに成長し，発展するのに必要な人間からのはたらきかけについての情報を発信する．人間がそれを読み取り，それに応える十分に有効なはたらきかけを実践するとき，両者の共存，さらに共生の関係が構成されるようになる．そのとき，より対話性に富んだ，それゆえ，また発見的で，学習的な環境が形成されることになろう．そのためにも，われわれはパートナーとなる緑から，その固有なものを奪い，その尊厳性を傷つけたり，また，すぐに役立つ実用的な機能の発現を性急に求めたりするような愚挙を避けるようにしなければならない．

10.2 アメニティ形成にかかわる緑の機能

a. 理化学的環境の保全・調整

　主として緑の生理，生態的な作用によってもたらされる機能である．このはたらきによって環境における各種の理化学的条件が保持され，人間の生命の健全にして快適な環境が保全・調整される．その主な例を挙げれば，次のようである．

　大気・空気の浄化：炭酸同化作用により炭酸ガスを吸収し，炭素を貯留する．また，その酸化作用や希釈作用などによって大気汚染を緩和する．樹木などでは人間の病原菌に対し殺菌作用のあるフィトンチッドなどを放出するものも少なくない．芳香による臭気のマスキング効果もみられる．建材・機器などから放出される有毒ガスの濃縮される気密性の高い空間ではそれらを浄化するはたらきも重要である．

　微気象の調節：風や日照，気温などの微気象を調節する．気温では太陽放射の遮断，反射削減などによる調節効果が大きい．都市のヒート・アイランド現象の緩和のための都市緑化，省エネ対策のための建築の屋上・壁面緑化などが注目されている．

　土壌侵食の防止：土壌が風や水によって流出するのを防ぐ．乾燥した裸地などでは風による侵食が激しいが，植物の地上部は風速を弱め，根系は土壌を緊縛し，土壌侵食を防止する．

　水源の涵養：雨水を蓄え，涵養するはたらきである．わが国の豊富な水資源も森林などの水源涵養機能によるところが大きい．また，雨水を蓄えることで，その急激な流出を防ぎ，洪水の緩和・防止に役立つ．

　騒音の防止・緩和：音の吸収，偏向，反射，屈折，遮蔽効果などにより騒音を防止・緩和する．また，騒音が葉ずれや鳥の声などでマスキングされることによる緩和効果もみられる．

b. 生態学的環境の保全・形成

　緑は生態系構成において主導的な役割を演じ，その基盤をなすものである．その生態系の健全な営みのうえに，先の理化学的作用も発現され，人間の生存環境も保障されることになる．また，緑の，貧化した生態系の修復，保全上において担いうる役割も大きい．

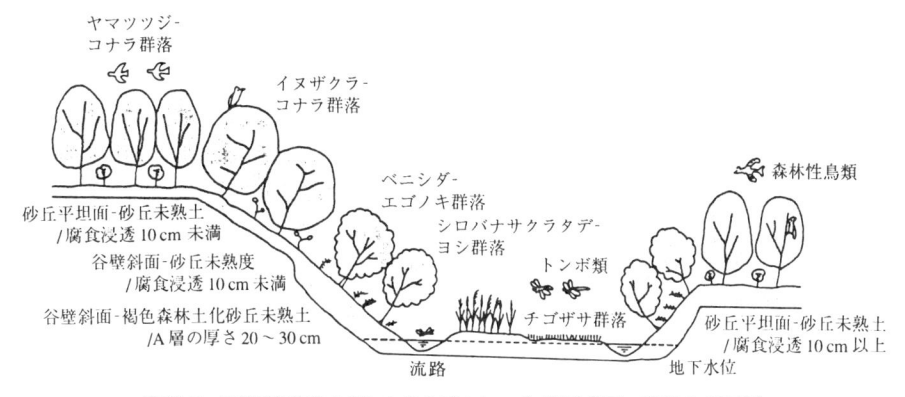

図 10.2 国営常陸海浜公園におけるビオトープ（竹林征三，1995 より改変）

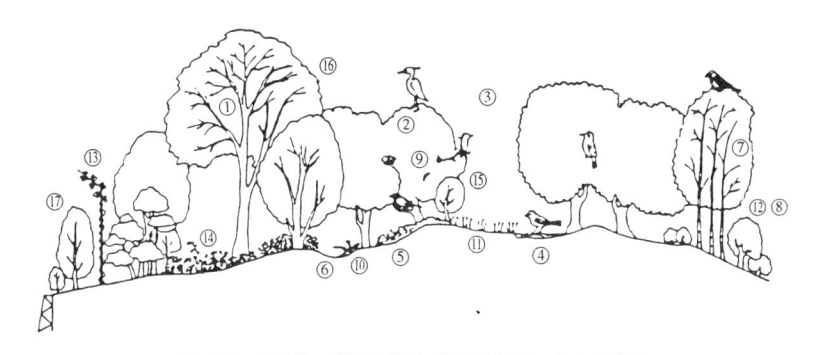

図 10.3 樹林地の構造と鳥類（(財)日本野鳥の会より改変）
①高木，②樹冠の密な樹林，③林内空間地，④下層植生が疎で開けている林床，⑤下層植生が密生している林床，⑥林床の凹凸
〔多様な樹種構成〕 ⑦竹やぶ，⑧灌木叢林，クロマツ林（前浜・砂丘上），⑨樹洞のできる樹種，⑩シダ類・蘚苔類，⑪禾本科草木，⑫蜜の多い花をつける樹木，⑬ツル植物，⑭ササ類，⑮漿果や果実のなる樹木，⑯混交林，⑰遮蔽林（マント群落）

　生態系は緑の導入などの人為的操作によって，その内容をよりゆたかなものへと発展させることができる．近年の自然指向の流れのなかで，自然とのふれあいを求める動きが高まりつつあるが，その受け皿となるべき生態系を構成し，整備することも行われるようになっている．特に，地域にかつて存在し，あるいは存在したとみられる生物の生息可能な環境条件を備えた小地域（小生態系＝ビオトープ，Biotop，biotope）を復元・整備し，そこにホタルやトンボなどの生きものを呼び込もうとする運動が盛んになっている．また，そのビオトープを生態的回廊（corridor）でネットワーク化し，より高次の生活圏をもつ生物を呼び込もうとする運動も行われるようになっている．米国では，開発行為により失われる貴重

な自然を他の場所で代替的に復元し，保全する代替措置によるミティゲイション (Compensatory Off-site Mitigation) が環境保全上の重要な施策となっている．

c．空間的環境の形成とその調整・制御

緑の存在によって発現される建築的・彫刻的な機能，および空間の構成・形成上において，また構成・形成された空間における各種の調整上において発現される機能である．その主なものを挙げれば，次のようである．

彫刻的機能：緑の存在そのものが絶対的な意義をもつようなはたらきである．ランドマークやモニュメント，シンボルとなり，それを核に空間の形成されることも少なくない．左近の桜，右近の橘などの例がある．

標示機能：あるものの存在を標示したり，暗示したりするはたらきである．こんもりとした森が神社の存在を標示するなどの例がある．

空間構成・形成機能：壁や天井，床などに相当するものの形成によって，空間をその外部から区切り，各種の影響・干渉を遮断・緩衝し，外部空間の形成・構成にあずかる機能である．

誘導・制御機能：人の流れや視線などを誘導・制御するはたらきである．ある注目させたい建築物などに視線を誘導するヴィスタ (vista，見透し線，見透し景) や並木などの例がある．

緩衝・遮断機能：視界や視線，風や日照，騒音などを緩衝・遮断するはたらきである．木漏れ日などもこのはたらきによる．

融合・等質化機能：共通項あるいは結合の媒体となる緑を介在させることによって，異質なものや関連のない地区・空間相互間を結合したりするはたらきである．空間的なまとまりを欠くような地域にあって，統一感や一体感を醸成する．

緩和・調整機能：過大な空間を人間的スケールに調整したり，コンクリートや鉄・ガラスなどの建築素材のもつ硬さや街並みなどにおける人工性をやわらげたりするはたらきである．

d．観賞および知覚的・心理的効果

人間は同じエネルギーの条件では緑が最もよくみえるという．運動負荷により増大した心拍数のその後の変化をみた測定では，被験者が緑の乏しい街なかの交差点より樹木の下にいた方が元の値に戻るのが早かったという．また実験室での

大脳の集中能の測定では，観葉植物がある場合にその能力が高まり，緑色でも人工植物では効果は認められなかったという．このような例からも，緑は知覚・心理上において特別な意味をもつものとみられる．植物観賞の魅力・根拠などもそれに関係するものであろう．

人類は東アフリカの熱帯林に住んでいたチンパンジーなどとの共通の祖先のうち，谷の形成後にサバンナとなったその谷の東側に移ったもののなかから化成されてきたといわれる．およそ600万年ほど前のこととされる．したがって，人類としての原風景は草原で，その一段階前のものは森ということができよう．人間は緑や草原があり，鳥が多数いるとき心が安らぐといわれるが，そのときの自然のパターンが知覚機構に組み込まれ，刷り込まれているからであるとみる説もある．緑への親近感・共感などもそれに起因するのであろうか．

緑はまた，自然の構成要素として，自然の営みや息吹を人間に伝え，自然界における種々の情報をもたらす．その観賞，緑とのコミュニケーションを通じて自然界から各種の情報が伝えられるが，それによって人間は自然との間の物質代謝や自身の営み，その精神のありようなどを反省することにもなる．すなわち，緑はそれに対する人に，その精神を刺激し，さまざまな観照をひき起こさせる媒体ともなっている．

10.3 緑の構成——その保全と整備

緑を構成するに際してはまず，現況の緑の状態を把握することが大切である．現存する緑には地域の歴史や文化が刻み込まれ，それが時の試練を経て，今日まで存続しているものである．そして，それは人間社会や自然界の構成物の一部となり，その一環として地域に根づいた存在となっている．

このような性格をもつ緑はその整備の前提条件をなすものであり，計画の全体イメージの形成上，また，個々の条件の保全・整備計画の遂行上において，種々の情報を提供する．その構成すべき緑の全体像も，現存の緑の状況を批判し，それを膨らませ，発展させていくかたちで得られる．

近年では，緑にゆたかな自然性の発現の期待されることが多くなっている．そのためには，一方で，散在し，孤立化している緑を膨らませ，また新たな緑をつくり出しながら，それらをつなげ，面積的にまとまりのある緑を形成し，他方で，各種の自然的要素をもつ緑との連結をはかりながら地域における基盤的な緑の軸

(基軸)を構成していくことが必要になる．その緑の基軸のうえに，テーマ性をもった各種の緑の軸を重ね合わせ，緑の全体のネットワーク・システムをつくっていく．緑の連続・連結化に際しては，地形・水系などの自然的な要素をベースに，そこに人間の利用系にかかわる各種の要因・要素を重ね合わせていく方法がよくとられる．自然的要素の減少のいちじるしい都市などでは，田園・自然地域の自然的諸要素との連携をもたせることも必要となろう．

なお，緑の保全・整備では，樹木などを生態的，機能的，美的に配列し，植え込んでいく植栽の行為が不可欠となる．植栽にはその目的・方法によって，次のようなタイプのものが考えられる．

保存的植栽：現況の緑の状態を変える人為的，自然的な営力を排除し，その現況の緑の維持をはかるために行う植栽である．その内容・形態上における変更は行われない．

保全的植栽：それ自体の変化，および環境変化への適応による変化を認めながら，それにそって行われる植栽である．その緑の有する潜在力を不可逆的に低下させない生態的許容量の範囲内で持続的に利用する観点から行われる．内容上の変更は行われない．

拡充発展的植栽：現況の緑のもつトータルな内容やイメージを大きく変えることなく，そのなかのサブ・テーマを発展させたり，ある要素を付加させたりしながら，現況の緑のもつ内容やイメージを連続的に膨らませ，発展させていく植栽である．

創出的植栽：現況の緑のもつ内容やイメージを大幅に変えたり，また，現況にない独自なテーマを付加させたりしながら，新たなイメージやテーマをもつ緑に構成していく植栽である． 〔渡辺達三〕

11. アメニティ空間形成のための緑の整備

11.1 室内空間における緑とその整備

　室内は自然から隔離され，人工的に制御された空間である．そこに緑が存在することで，人々に自然の息吹を感じさせ，安らぎ感をもたらす．知覚上では，視覚刺激をやわらげ，疲労回復を促す効果もみられる．室内で被験者に読書や雑談などをさせ，視覚疲労の指標となるフリッカー値を測定したところ，途中で観葉植物を見せた場合にその軽減化の効果が認められたという．

　また，最近の研究から，室内の植物が有毒ガスの浄化に役立つことが明らかになっている．遮断性の高い室内空間では，建築資材や家具，事務機器などから放出されるガスが濃縮され，人体に好ましくない影響を与えている．米国では，そのようなガスにより，皮膚・内蔵疾患，癌など「ビル病症候群」と呼ばれる病気の誘発されることが大きな社会問題になっている．NASA(アメリカ航空宇宙局)が室内で発生する代表的なガスであるホルムアルデヒド，ベンゼン，トリクロルエチレンなどに対する植物の24時間における浄化能力を調べたところ，ガス濃度を数ppmから数十ppmまで上げた場合，植物の処理能力もそれにしたがって上昇する．その処理能力は植物によってかなりの差があり，ポトス，キク，アロエ，ガーベラなどの通常の室内用植物ではその50％以上を浄化することなどがわかった．また，植物を育成する活性土壌や土壌微生物の存在によりその効果がさらに高まることも明らかになった．

　室内植物の理化学的作用による利用では，従来から芳香の発散に関するものがみられたが，有毒ガスの解毒，さらには薬効成分の放出などにかかわる利用などへの展開が期待される．

　近年，アトリウム（吹き抜け広間）が緑化され，広場的な利用が行われるようになっている．その場合，集客上の効果も大きく，緑化空間としての発展が大いに期待される．また大規模な建築空間も増え，緑が積極的に導入されるようになっているが，修景・観賞上の利用のほか，空間の区画，誘導，標示など，その空

間調整機能についての利用も高まっていくものと予想される．

室内空間では，その設置や移動の容易性などの点から，コンテナで栽培・育成された植物が多用されている．室内は植物にとって環境ストレスも大きく何かと不利な条件が多く，技術上の問題点や課題も少なくない．今後の発展が大いに期待される分野といえよう．

11.2　都市空間における緑とその整備

都市は高度に人工化され，そこでは自然が破壊され，後退している．人々のライフスタイルにおいても自然とふれあう機会が少ない．そのような都市では物質代謝上の諸条件を改善し，市民の生活環境を保全していくうえで，自然や自然性の回復が強く求められている．そして，その回復のための，また市民の快適な生活環境を形成し，構成する媒体としての緑に対する期待が高まっている．

都市では大量の資源・エネルギーが消費され，自然や環境への負荷を高めているが，植物の生理・生態的な作用に基づく物質代謝上のはたらきはそれらを軽減化し，環境保全の上で多大な寄与をしている．近年では，省エネルギー効果への期待も高まっている．災害ポテンシャルの高い都市では，防災，安全上に果たす役割も大きい．また，無機的な都市空間に生命感をあたえ，人工性をやわらげ，雑然とした景観を秩序づけ，イメージ性を高めたりする面でのはたらきも顕著である．さらに，貧化した生態系を改善し，生物的な多様性を高め，市民の自然とのふれあいをゆたかにしていくうえでも大きな役割を演じている．

緑が減少し，他用途の土地利用との厳しい競合関係におかれる都市では，緑についての計画は，緑の総合計画のなかに，その一環として位置づけられ，実行されることが望まれる．そして，その緑の総合計画は，都市における全体の土地利用計画のなかに位置づけられるものでなければならない．ちなみに，建設省の「緑の基本計画」に継承されることになった「緑のマスタープラン」では，その計画は，市街化区域および市街化調整区域に関する都市計画として決定される「整備，開発又は保全の方針」において，自然的環境の保全，公園緑地の整備にかかわるものとして位置づけられ，環境保全，景観，防災，レクリエーションの観点から立案することとされている．

そして，その緑の総合計画では，まず，既存の大切な緑の保全をはかることが重要である．生態学的な潜在力の低下している都市環境のもとでは，質の高い緑

図11.1 都市の緑化（(財) 都市緑化技術開発機構，1995）

も比較的短期間で貧化してしまう．そこに自然性の高い緑を短期間でつくり上げるのは困難であり，そのような緑は優先的に保全する．また，都市構造上，全体の土地利用計画上において重要な緑も保全していく．さらに，都市や地域において記念的・歴史的な意義をもつような緑も大事である．できればそれらの緑はつなげ，膨らませ，強化していく．

次に，都市における緑のファンダメンタルズ（基礎的条件）を高めるため，その量的な拡大をはかる．それには，都市では建築物・構造物を含め全てのものが環境財としての機能をあわせもつものであるとの考えで緑化を推進する．建築の屋上や壁面，人工地盤や高架構造の鉄道・道路の軀体やその周辺なども積極的に緑化していく．なお，建築の屋上・壁面などでは日中に大量の熱が蓄えられ，室内に焼け込み，冷房負荷を高めたり，その大気への放出によるヒート・アイランド形成の原因ともなるが，それらに対する緑の軽減効果も大きい．壁面などでは景観面における寄与も重要である．

そして，都市における構造的・基幹的な緑，生態系形成のための緑の基盤・基軸を構成し，整備する．それには，河川や水路，斜面地，山林などの自然の緑地をベースに，街路などの施設系の緑や，公園緑地，運動場，広場，公園墓地などの公共緑地をつなぎ合わせ，構造的・基幹的な緑として構成し，整備していく．

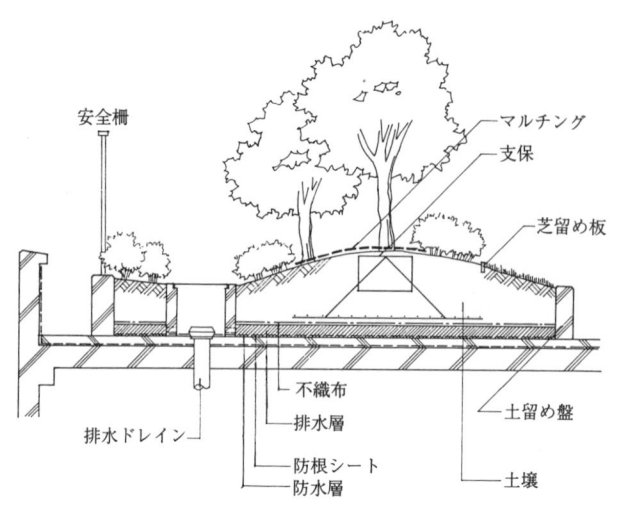

図11.2 屋上・人工地盤上の緑化（(財) 都市緑化技術開発機構，1995）

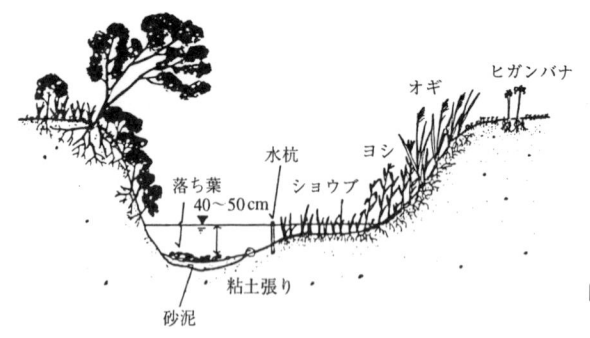

図11.3 水路から小川への改造（養父，1995）

周辺の田園の緑との連携もはかり，ネットワーク化する．また，条件が許せば，風の道，水の道などもつくっていく．

以上は都市における緑の基盤的な条件を整えるものであり，そのうえに，景観形成，自然とのふれ合い，防災などのテーマ性をもった「テーマ緑地」を整備し，「テーマ緑化」を推進して，都市のアメニティを高めていく．

11.3 農村空間における緑とその整備

農業は生物の生産力に基礎をおく産業であり，農村は生命力にみちた空間といえる．また，純自然地域にくらべ，荒々しい自然力の発現が抑えられ，馴化された温和な環境が形成されている．ライフスタイルにおいても自然とのふれあいが

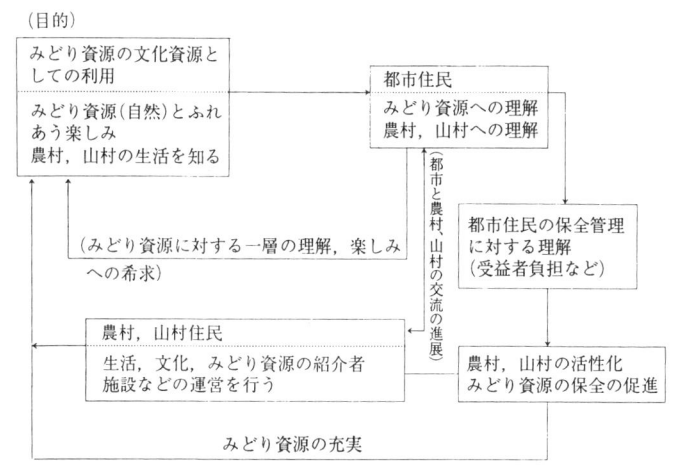

図11.4 フィールドミュージアム（科学技術庁資源調査会, 1988）

ゆたかである．そこでは自然の時間が支配し，長い時間をかけた自然へのはたらきかけによる人間と自然との共同作品ともいうべき二次的自然が育まれ，蓄積されている．そのような条件のもとに形成される景観は多くの人々の原風景となるものであり，訪れる人たちに安らぎや懐かしさといった感慨を覚えさせるものとなっている．

農村空間はまた，水や土壌侵食の防止，水源のかん養，自然環境の保全，土壌・大気の浄化，保健・レクリエーションの場の提供など，多大な公益的機能を発揮している．それらは市場では評価されず，外部経済効果と呼ばれる．それと同程度の機能・効用を代替施設の建設とその維持費用などによってまかなうものとして求めた代替法による評価額は年間6兆7千億円に達し，農業総生産高の7兆1千億円にほぼ匹敵する額となっている（1993年度，農水省試算）．

しかし，近年，農村では農薬や肥料の大量投与，人工素材の多用化，農地整備による地形の単純化などによって生態系が貧化し，景観的な荒廃もみられるようになっている．生態系の貧化は持続的な農業生産の維持，食料の質の確保といった点で問題があるばかりか，国土の自然環境の保全において，深刻な影響を及ぼす要因となっている．今日では，農地は農業生産のためだけの空間・施設ではなくなっている．農地は森林などとともに国土における重要な緑・緑地を構成するものであり，その緑・緑地としての広範囲多岐にわたる機能の発現が期待される

ようになっている．そのような観点から，国土計画などに適切に位置づけられ，その健全な経営のもとに緑・緑地としての機能の発展のはかられるような管理・運営が求められている．ドイツの「美しい村づくり」では広範な地域が環境保全のためのビオトープに設定されているが，それは高生産性を追求してきた従来の農業のあり方の転換を意味するものである．英国では田園がカントリーパークとして都市民のレクリエーション利用に供されているが，放牧地などもアメニティ草地として整備されている．

農村空間の緑・緑地としての保全・発展をはかっていくためには国民的な合意が不可欠であり，都市民などとの交流も必要となる．農村の人々の地域を守り発展させようとする意欲・活動はその地域の緑や緑地の質を高めていくことになろう．それは景観などにも反映され，その景観を求め，都市民が訪れるようになる．そこで相互の交流が行われ，その成果が地域の緑・緑地に反映され，その質的な向上がもたらされようになる．こうして，農村の緑・緑地の発展のためにも魅力ある景観の形成が求められるのである．

そして，その景観にはまず，地域に生活する人々の当該地域についての基本的な考え方や，地域への誇り，愛着といったものが反映されるべきであろう．それゆえ，それらに関係する自然的，文化的・社会的な諸要素を積極的に景観に反映させ，表出させるようにする．そのうえで，都市民から求められる農村に固有な顕在的，潜在的な魅力的な要素を発掘し膨らませ，表出していく．特に集落域は農村空間の核となり，その空間全体を統合するランドマークとしての性格を担う場合が多く，それにふさわしい積極的な修景が期待される．非集落域では平坦な農地の広がりが単調さを招くきらいもあり，河川や丘陵，農用林などを活用し，またビオトープや生態的回廊などを設定し，景観的な変化・めりはりをつけるようにする．

農地では造成のり面の保護，風速の減速，風雪害の防止，土壌・空中湿度の保持，霜害の防止，雑草伝播の防止，洪水による田畑の流亡の防止など，農業生産関係の各種の保護植栽が設置されているが，それらは農村景観を特徴づける貴重な資産であり，その積極的な活用をはかっていく．

農村空間では，樹林・樹木や草地などがつぎはぎ状に分布する．それらの内部は遷移段階の異なる植物で構成されている．そのモザイク状の植生は人為的な小規模な攪乱によって形成されるが，それによって農村の多様な生物相が支えられ

ることになる．農村の緑・緑地の計画ではそのようなモザイク状の緑を活用していくことが重要である．

　生態系の保全・整備では，水辺の植物群落や野鳥の生育環境など特定の地域や場所を保全・整備するもの，カブトムシやゲンジボタルなどの特定の動植物を保全するものなどがある．いずれの場合も操作性などの点で，小生態系単位で扱われることが多い．複合的なもの，規模の大きなものはそれらを連結させていく．その過程で，小生態系の復元・再生，創出，移転なども行われる．なお，生態系やその構成種の保全のための評価では，稀少性，回復性，固有性，自然性，種多様性，立地の多様性，群落多様性などが主な基準となる．

11.4　森林・自然空間における緑とその整備

　日本の植生の極相は森林で，国土の3分の2の地域が森林となっている．そのほとんどが急峻な地形に位置するが，その比率は先進国のなかできわめて高い．二次林が大半を占めるが，極相の原生林もみられ，多くの野生生物を擁し，国土の自然の骨格的な基盤をなしている．

　この森林は木材をはじめ各種の林産物を生産し，林業上重要なばかりか，炭素の固定，水源のかん養，土砂流出の防止，野生生物や遺伝資源の保全，保健休養の場の提供など，多大な公益的機能を発揮している．しかし，その経営は苦しい状況におかれ，天然林の輸入制限や炭素税，水源税，森林交付税の創設など各種の提案がなされている．

　炭素の固定では，世界の森林の炭素の貯留量は大気中のそれの2倍とされる．森林の消失面積は年間1,700万ヘクタールで，その放出炭素量は30億トンに達し，化石燃料起源の年間57～60億トンの半分に相当するという．森林ではまたフィトンチッドが放出され，穏やかな散乱光や鳥のさえずり・虫の声，枝葉のふれあう音などが神経を穏やかになごませるなど，保健休養上の効果も大きい．わが国では古来，奥山は神のいる場所とされ，独特の森林文化が育まれてきたが，そのような文化の継承・発展の場としての意義も重要である．ゆったりとした森林のなかで，人類の文明や文化，また自身の日々の生活を反省し，英気を養ったりするのにも恰好の場となる．

　農地の場合と同様の代替法による森林の公益的機能の評価額は年間39兆2千億円で，林業総生産の7千3百億円の数十倍の規模となっている（1991年度．林

野庁試算).そのほとんどが森林の生態系における本来の生命活動をつうじた物質循環,土壌生成などに基づくものである.もとより,それらの機能の発現は森林以外では考えられず,輸入によってまかなうこともできない.

このような森林は国土における重要な緑・緑地であり,その生産財および環境財としての発展がいっそうはかられなければならない.そのためには森林固有の生態的・潜在的レクリエーション価値を高めながら,都市民などの利用に供し,その魅力や保全の必要性についての理解・認識を高めていく必要がある.その拠点的な施設として,「森林自然保全・ふれあい公園」の設置などが考えられてよい.そして,その適地として,里山が挙げられよう.その一定区画を都市民などに開放し,林産物の採取などもある程度認めながら,レクリエーション利用と一体となった都市民参加・利用型の管理方式による里山の新しい利用法を開発していくことは今日の重要な課題となっている.

自然林では,変化する自然環境の指標性の保持,遺伝資源の保全,自然生態系

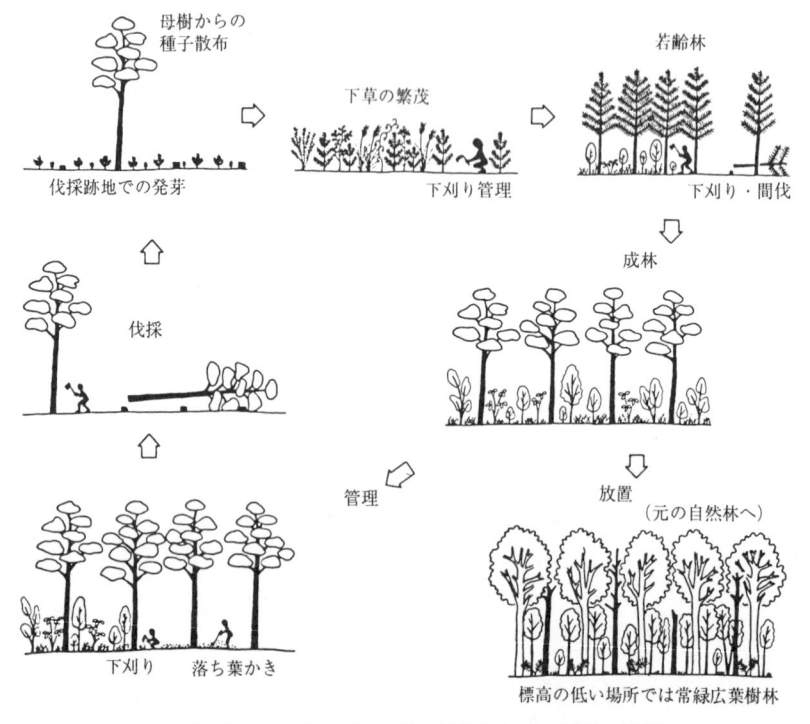

図11.5 里山におけるアカマツ林の管理サイクル (重松, 1995)

の多様性の維持をはかるため，人為を加えず，その推移に任せて保存していく管理が主体となろう．必要に応じて，病虫害や火災，土壌崩壊，道路建設などに対する保護植栽を行い，生態的に安定した森林の維持に努める．なお，保護植栽では，地域個体群の遺伝子構成の保護のため，その土地に自生する母樹の種子から育成された植物を用いるなどの注意が必要である．

　施業林では，適正な木材生産の保持，国土・環境保全機能の十全な発現をはかるため，一定区画内での伐採や更新，育成が時間的，空間的に適切に組み合わされるような施業が求められる．そして，林相や優占種の特性に応じて樹種や樹齢などに変化をもたせ，天然林なども適宜配置する．流域レベルでも，各種のタイプの森林を適度に組み合わせ，多様性を高めていく．

　遷移の途中段階にあるアカマツ林やコナラ林などの二次林では，定期的な伐採による更新を必要とする．近年では二次林などで，下刈りや野生草花の増殖などによる林床景観の魅力増進のための積極的な植生管理も行われるようになっている．一方，国土における森林の適正配置，維持・管理上などの点から，施業林の一部を自然林に戻していくような方策・措置も必要になっている．

　森林・自然空間は農村空間とともに生命系が支配的な空間である．そこでは人間によってあまり手のつけられていない自然が比較的多く存在し，その保全が重要な意味をもつ空間である．森林・自然空間ではまず，そのような自然が保全され，その上に人間との共働による自然がゆたかに育まれ，諸機能の増進のはかられるような緑・緑地の整備が求められている．　　　　　　　　〔渡辺達三〕

文　　献

〔第1章・第2章〕
1) 相良泰行：日本食品工業学会誌, **41**(6)：456-466（1994）
2) 相良泰行：日本食品科学工学会誌, **43**(3)：215-224（1996）
3) Logue, A. W.：食の心理学（木村　定訳），pp. 96-107, 青土社（1994）
4) 都甲　潔：味覚センサ, pp. 154-195, 朝倉書店（1993）
5) 稲葉文夫：計測と制御, **32**(11)：915-920（1993）
6) 前田　弘：青果物の選別包装施設におけるメカトロニクス化に関する研究, 東京大学博士論文（1991）
7) 岡部政之：アグリビジネス, **4**(14)：65-74（1989）
8) 相良泰行：農流技研会報（187），（188）：50-58, 54-60（1995）
9) Engen, T.：匂いの心理学（吉田正昭訳），pp. 8-9, 135-156（1990）
10) 辻　三郎：感性の科学, pp. 3-44, サイエンス社（1997）

〔第3章〕
1) 萩原文二, 橋本光一編：膜による分離法, 講談社（1977）.
2) 宮脇長人, 中嶋光敏：食品加工における膜技術. 膜, **19**, 81（1994）.
3) 鈴木啓三：水および水溶液（共立全書），235, 共立出版（1980）.
4) 橋本光一：食品と膜. 化学増刊, 64, 化学同人（1975）.
5) 古荘三郎：MRC News, No. 16, p. 112（1996）.
6) 中垣正幸監修：膜処理技術大系, フジ・テクノシステム（1991）.

〔第4章〕
1) 田中武彦, 野口　忠, 武藤泰敏（編著）：分子栄養学概論, 建帛社（1966）
2) Rombeau, J.L. and Caldwell, M.D.：Parenteral Nutrition (2nd ed.), W.B. Saunders (1993)
3) 山本良郎：化学と生物, **34**(8), 520-521（1996）
4) 内藤　博, 野口　忠：栄養化学, pp. 186-187, 養賢堂（1981）
5) Cheatham, B. and Kahn, C. R.：Insulin action and the insulin signaling network. *Endocrine Revs.*, **16**, 117-142 (1995).
6) Erickson, J. C., Clegg, K. E. and Palmiter, R. D.：Sensitivity to leptin and susceptibility to seizures of mice lacking neuropeptide Y. *Nature*, **381**, 415-418 (1996).
7) Zhang, Y., Proenca, R., Maffei, M., Barone, M., Leopold, L. and Friedman, J. M.：Positional cloning of the mouse obese gene and its human homologue. *Nature*, **372**, 425-432 (1995).

〔第5章〕
1) 光岡知足：腸内細菌学, 朝倉書店（1990）
2) 光岡知足：腸内細菌の話, 岩波書店（1978）
3) 小川益男, 金城俊夫, 丸山　務：獣医公衆衛生学, 文永堂出版（1995）
4) 伊藤喜久治：コロナイゼーション・レジスタンス・ファクターの解析, 腸内フローラと腸内増殖（光岡知足編），pp. 65-84, 学会出版センター（1997）
5) 伊藤喜久治：腸内フローラの構成バランスの調節機構. 腸内フローラと生体ホメオスタ

シス（光岡知足編），pp. 5-30，学会出版センター（1989）

[第6章]
1) 平成4年度林業白書（1993）
2) 日本建築学会編：建築が地球環境に与える影響．pp. 21-22，日本建築学会（1992）
3) (財)日本木材総合情報センター：木質系資材等地球環境影響調査報告書（1993）
4) 有馬孝禮：木造住宅のライフサイクルと環境保全．木材工業，**46**：635-640（1991）
5) 有馬孝禮：住宅生産におけるCO_2放出と木材利用による炭素貯蔵．森林文化研究，**13**，109-119（1992）
6) 住宅金融公庫建設サービス部：住宅はなぜ，いつ壊されるのか．*Better living*．**102**，6-13（1989）
7) 有馬孝禮：エコマテリアルとしての木材―都市にもう一つの森林を，全日本建築士会（1996）

[第7章]
1) 岡野　健：木材居住環境ハンドブック（岡野　健他編），pp. 2-107，朝倉書店（1996）
2) 岡野　健：住まいと木材（日本木材学会編），pp. 27-32，海青社（1990）
3) 岡野　健：木質環境の科学（山田　正編），pp. 295-312，海青社（1987）

[第8章]
1) 日本木材学会編：木造住宅の耐震（1996）
2) 木造住宅等震災調査委員会：平成7年阪神・淡路大震災木造住宅等震災調査報告，(財)日本住宅・木材技術センター（1995）
3) 杉山英男：地震と木造住宅，丸善（1996）
4) (財)日本建築防災協会，(財)日本建築士連合会編：わが家の耐震診断と補強方法．
5) 岡野　健他編：木材居住環境ハンドブック，朝倉書店（1995）
6) 木質構造研究会編，木質構造建築読本―ティンバーエンジニアリングのすべて―，井上書院（1988）
7) 日本木材学会編：木材の工学，文永堂（1991）
8) 伊藤晴康，森　誠，有馬孝禮，水野秀夫：生物学的評価法による各種材質の居住性に関する研究，静岡大学農学部研究報告 No. 36, pp. 51-58（1987）
9) 静岡県木材協同組合連合会：生命を育む―マウスの飼育成績および嗜好性による各種材質の居住性の生物学的評価（1988）
10) 日本木材学会編：木材と教育，海青社（1991）
11) (財)住宅部品開発センター：センチュリーハウジングシステムI〜V（1984）
12) 山田　正編：木質環境の科学，海青社（1987）
13) 有馬孝禮：木造住宅のライフサイクルと環境保全．木材工業，**46**，635-640（1991）
14) 有馬孝禮：住宅生産におけるCO_2放出と木材利用による炭素貯蔵．森林文化研究，**13**，109-119（1992）
15) 有馬孝禮：木造住宅とエコロジー．住宅と木材，**18**，11-27（1995）
16) 有馬孝禮：木質資源のリサイクルとその利用システム．システム農学，8(1)：69-80（1992）
17) 長井　寿編：土木・建築材料のリサイクル，pp. 67-71，化学工業日報社（1996）
18) 有馬孝禮：エコマテリアルとしての木材．材料，**43**，127-136（1994）
19) 本多淳裕，山田　優：建設系廃棄物の処理と再利用，pp. 28-37（1990）
20) 日本木材学会第4期研究分科会報告書「産業・生活廃棄物」（1996）
21) (財)日本住宅・木材技術センター：木質系廃棄物リサイクル調査報告書（1994）

〔第9章〕
1) ベルク, O. (篠田勝英訳)：都市のコスモロジー, pp. 1-236, 講談社 (1993)
2) 藤原保信：自然観の構造と環境倫理学, pp. 1-178, 御茶の水書房 (1991)
3) 木原啓吉：アメニティを考える, pp. 8-14, 未来社 (1995)
4) マーチャント, C. (尾形敬次訳)：精神と自然, pp. 201-210, 木鐸社 (1993)
5) 丸山真人：環境と生態系の社会学, pp. 161-186, 岩波書店 (1996)
6) 渡辺達三：グリーン・エージ, **23**(11), 27-37 (1996)
7) 渡辺俊一：まちづくりとシビック・トラスト, pp. 36-46, ぎょうせい (1991)

〔第10章〕
1) 石原憲一郎：自然環境復元の技術, pp. 47-60, 朝倉書店 (1995)
2) 中村桂子：ひとはなぜ自然を求めるか, pp. 155-183, 三田出版会 (1995)
3) ロビネッティ, G. O. (三沢 彰訳)：図説生活空間と緑, pp. 1-137, ソフト・サイエンス社 (1993)
4) 品田 穣：ヒトと緑の空間, pp. 1-209, 東海大学出版会 (1980)
5) 竹林征三編著：建設環境技術, pp. 221-346, 山海堂 (1995)
6) 渡辺達三：造園雑誌, **52**(5), 66-71 (1989)
7) 八十島義之助他編：緑のデザイン, pp. 3-50, 日経技術図書 (1990)

〔第11章〕
1) いきものまちづくり研究会編：エコロジカル・デザイン, pp. 1-301, ぎょうせい (1995)
2) 中西友子：技術と経済, (288), 32-33 (1991)
3) 農村環境整備センター編：農村環境整備の科学, pp. 1-133, 朝倉書店 (1995)
4) 千賀裕太郎：地域資源の保全と創造, pp. 143-223, 農山漁村文化協会 (1995)
5) 重松敏則：自然環境復元の技術, pp. 74-87, 朝倉書店 (1995)
6) 只木良也：グリーン・エージ, **20**(11), 36-41 (1993)
7) (財) 都市緑化技術開発機構特殊緑化共同研究会：NEO-GREEN SPACE DESIGN ① 新・緑空間デザイン普及マニュアル, pp. 5-84. (財) 都市緑化技術開発機構 (1995)
8) 渡辺達三：公園緑地, **56**(1), 19-25 (1995)
9) Wolverton, B. C. et al.：Interior Landscape Plants for Indoor Air Pollution Abatement (Final Report), pp. 1-22, National Aeronautics and Space Administration (1989)

索　引

あ　行

IGF-I　49
味の正四面体　5
アトピー性皮膚炎　53
アメニティ　1, 109
アメニティ草地　132

維持管理　89, 91
インスリン　46
インテリジェント選別システム　34

うま味　5

エキスパートシステム　13
エコマテリアル　107
エネルギー欠乏　45
エネルギー負荷　104

O 157　52, 62
ob マウス　47
オープンスペース　113
オリゴ糖　57
温暖化防止　67

か　行

海水淡水化　39
解析アルゴリズム　25
解体材　102
解体チップ　103
外部経済効果　131
拡充発展的植栽　126
学習プロセス　19
カスケード型利用　69, 104, 106
画像処理　12

画像処理式形状選別機　21
画像処理選別システム　21
カーテンビーム式　24
加熱殺菌法　42
カラーグレーダー　21, 26
環境財　129, 134
環境調和　64
緩衝・遮断機能　124
管状膜　38
含水率変化　78
感性　17
カントリーパーク　132
官能検査　2
甘味比　34
緩和・調整機能　124

機能主義　110
機能的耐久性　98
機能保障　50
基本味　5
逆浸透　36
狂牛病　52
共選施設　19
居住環境　94
近赤外線吸収スペクトル　18
近赤外分光法　29

空間構成・形成機能　124
クリプトスポロジウム　52

景観　132
形状選別機　20
結露　71
限外濾過　36
嫌気性菌　55

健康管理　44
原臭　6

公益的機能　131, 133
好気性菌　55
高気密　96
工業化住宅　82
恒湿　71
公衆衛生　59
抗生物質　57
光線式選別機　23
構造計画　89
高断熱　96
米の食味計　18

さ　行

再生可能資源　64
再生処理業　105
細線加熱法　15
在来軸組構法　79
材料選択　91
細菌性食中毒菌　54
里山　134
酸度センサ　21
残留農薬　54

視覚　4
嗜好形成グループ　8
嗜好数理モデル　13
自己同一性　110
地震災害調査　85
自然観　112
自然指向　117
自然破壊　112
持続的生産　108
湿気　71
室内気候　76
遮音　96
重金属　54
住宅ストック　69
熟度センサ　21, 30
小生態系　133

蒸発法　41
消耗性疾患　58
除却　69
除菌法　42
食行動　8
食嗜好　3
食事性アレルギー　53
植生管理　135
食中毒　55
食品衛生　52
食品感性工学　3
食品の属性　4
食物繊維　61
人工栄養児　44
人工合成フローラ　59
人工造林木　65
真壁工法　76
森林・自然空間　133

水源の涵養　122
水晶温度計　15
水蒸気圧　72
スパイラル膜　38

生活空間整備　111
生産財　134
生産林　64
正常常在腸内菌叢　55
成人病　53
生態系保護　67
生態的回廊　123, 132
生体防御能　58
生物資源　108
生物的劣化　98
生物時計　10
精密濾過　36
生命系　119
施業林　135
施工管理　89, 91
セラミック膜　38
センチュリーハウジングシステム　99
選別システム　20

索　引　143

騒音防止　122
創出的植栽　126
増築改築　89
そしゃく音　7
阻止率　37
ソフトテクノロジー　36

　　　　　た　行

耐震診断　94
大腸癌　60
大壁工法　76
耐用年数　70, 100
耐力壁　82
大量消費　102
大量生産　102
大量廃棄　102
多次元尺度法　114
多変量解析　12, 19
炭酸同化作用　122
炭素収支　101
炭素ストック量　68
炭素保存　107

地域環境保全　106
遅延発光測定　14
地球環境問題　63
チーズホエー処理　43
中空糸膜　38
中毒　53
腸管出血性大腸菌O 157　52, 62
腸管出血性大腸菌症　62
腸管生理状態　56
彫刻的機能　124
調湿　71
腸内腐敗　62
腸内フローラ　53

ツーバイフォー　81

テクスチャー　6
データバンク　13
デバイス　13

テーマ緑地　130
田園都市論　109
電磁波　3
電子秤重量選別機　22

透湿　72
糖度センサ　21
糖尿病　46
都市計画　109
土壌侵食　122

　　　　　な　行

内装モデル　74

匂いセンサ　14
ニッチ　111
乳癌　61
乳糖不耐症　53
ニューラルネットワーク　3, 12

年間 CO_2 放出量　63
粘弾性特性　7

濃縮還元果汁　41
濃縮法　41
農村空間　132
農村計画法　109

　　　　　は　行

バイオエレクトロニクス　3
バイオセンサ　3
バイオフォトン　15
廃棄処理　70
廃棄問題　102
廃材　102
廃水再利用　39
バージン材　105
発癌　60
パッシブ環境調和　98

ビオトープ　123
光センシング技術　3

光糖度センサ　29
非生命系　119
必須アミノ酸　45
ヒート・アイランド現象　122
肥満遺伝子　47
評価実験　95
評価判断システム　12
標示機能　124
平膜　38

ファジィ理論　3
風味　5
部材加工　81
物理的耐久性　98
フリッカー値　127
プレハブ構法　81
Prebiotics　57
プロダクト・マネージメント　16
分画分子量　37
分子栄養学　45

壁量計算　84

保護植栽　132
保全的植栽　126
保存的植栽　126
ホルモン　49

ま　行

膜透過法　43
膜濃縮　41
マスキング効果　122
マルチセンサ　11

味覚センサ　14
ミティゲイション　124
緑意識　113

緑の基軸　126
緑の総合計画　128
緑のマスタープラン　128

免疫センサ　15

木材工業　103
木材資源　64
木材蓄積量　66
木質環境　94
木質系軀体　79
木質系プレハブ　80
木質資源　65
木質燃料　103
木質廃棄物　104, 107
木質パネル構法　81
モデュラーコーディネション　100

や　行

融合・等質化機能　124
誘導・制御機能　124

余力　88
余力耐力壁率　86

ら　行

リサイクル　101
リサイクル資材　105

レオロジー　7
レプチン　49

老化　61

わ　行

枠組壁工法　80, 81

農学教養ライブラリー 3
生活とアメニティの科学（普及版）　　定価はカバーに表示

1997 年 9 月 15 日　初　版第 1 刷
2010 年 10 月 30 日　普及版第 1 刷

編　者　東 京 大 学 農 学 部
発行者　朝　倉　邦　造
発行所　株式会社　朝 倉 書 店
　　　　東京都新宿区新小川町 6-29
　　　　郵便番号　162-8707
　　　　電　話　03(3260)0141
　　　　F A X　03(3260)0180
　　　　http://www.asakura.co.jp

〈検印省略〉

© 1997 〈無断複写・転載を禁ず〉　　　教文堂・渡辺製本

ISBN 978-4-254-40538-5　C 3361　Printed in Japan